创新思维与创造力

杨秀◇著

CHUANGXIN
SIWEI YU
CHUANGZAOLI

中华工商联合出版社

图书在版编目（CIP）数据

创新思维与创造力／杨秀著 . -- 北京：中华工商
联合出版社，2018. 12
  ISBN 978 - 7 - 5158 - 2437 - 6

  Ⅰ . ①创… Ⅱ . ①杨… Ⅲ . ①创造性思维–通俗读物
Ⅳ . ①B804. 4–49

  中国版本图书馆 CIP 数据核字（2018）第 294540 号

创新思维与创造力

作 　 者：杨 秀
责任编辑：吕 莺 董 婧
封面设计：张 涛
责任审读：李 征
责任印制：迈致红
出版发行：中华工商联合出版社有限责任公司
印 　 刷：河北飞鸿印刷有限公司
版 　 次：2019 年 5 月第 1 版
印 　 次：2022 年 4 月第 2 次印刷
开 　 本：710mm×1000mm 1/16
字 　 数：270 千字
印 　 张：15
书 　 号：ISBN 978 - 7 - 5158 - 2437 - 6
定 　 价：45. 00 元

服务热线：010 - 58301130
销售热线：010 - 58302813
地址邮编：北京市西城区西环广场 A 座
　　　　　19 - 20 层，100044
http：//www. chgslcbs. cn
E-mail：cicap1202@ sina. com（营销中心）
E-mail：gslzbs@ sina. com（总编室）

工商联版图书

前　言

现今，最热的一个词就是创新，创新成了全球公认的最大生产力和竞争要素之一。不管是个人、企业还是国家，综合实力的比拼中很重要的一点就是强有力的创新创造力。理念的创新、科技的创新让人们享受了现代文明，同时颠覆了传统的世界，创新产品不时被创造出来，几乎每天都在改变着世界，而传统的商业模式、商业规则、营销理念可以说时时都有可能被更适应时代需求的创新所颠覆。

中国人向来是具有创新精神的，古代的四大发明曾经让我们引以为豪，历史证明，不创新就没有发展，不创新就只能等着他人超越。因此，创新是撬动前进的杠杆，国家创新就能托起民族强大的希望。今天，在科技、学术、商业、金融等各个领域，天眼探空，蛟龙探海，神舟飞天，高铁驰骋，北斗组网……一批批重大的科研成果惊艳全球，从点的突破到系统能力的全面提升，从综合国力到民生发展，创新的巨大画卷波澜壮阔，面向中华民族伟大复兴的未来之门已经在创新的力量下徐徐开启，中国的创新之音越来越激昂。

现今，举国创新的大手笔激动人心，这些巨大的成就无疑凝聚了无数中国人一代代奋斗的智慧结晶，而具体到个人和企业，要想创新出适合自己创业、发展和企业管理的成果并不那么容易，企业成功的背后首先是创新意识，其次是创造力的发挥实现，须经创造后，发展的势头才会有恒久的生命力。

换句话说，创新思维并非空穴来风，创造力也不是简单说说而已，培养创新思维需要讲求方法与技巧。寻找创新点需要有能力，但更重要的是靠一种自强不息的精神支撑着，同时在创造过程中不向一次次失败妥协也极为重要，而创新创造出的"点"要能踩准时代的节拍，提升事物的发展，促使社会前进。

本书是从创新思维与创造力的角度出发，通过分析当今的时代背景和市场变化趋势，让读者深刻领悟产生创新思维的优势所在，继而介绍了培养创新思维需要注意的事项，还讲述了在创造过程中自身内功的修炼、创新思维的设计与落地，以及实施创新思维过程中的经验分享，创造是坚持不懈努力的表现。

希望本书所述的内容能给一些致力于创新的企业和个人带来启悟，也希望读者朋友们能通过本书讲授的知识和方法让自己的创新思维、创造力获得进一步的突破。

目 录

◇ **打破盲点，激发创造力**

◇ **探索不止，创新永远在路上**

突破一成不变的
传统思维模式

创新需要克服"惯性"思维

如果有人问：人类社会发展到今天，靠的是什么？答案有一点无疑是肯定的，靠创新思维。思维是人类最为本质的特征，是人一切活动的源头，也是创新的源头。有了创新思维才能开始创新活动，有了创新活动才能产生创新成果。可以说，科技的进步，文化的发展，文明的进化……人类社会之所以发展到当今的时代，都是创新的"爆点"思维的结果。

创新，是人类文明进步的火种；创造力，是支撑民族伟大复兴的脊梁。创新发展，刷新了人们对今天中国的认识，刷新了人们对世界进步的认识。今天中国跨越式发展的过程，就是一次次打破禁锢，改写僵化思维的历史。纵观世界上任何一个强国，都是靠科技的进步和革新才能昂首阔步走向世界的舞台，而这其中，最核心的理念就是不断创新。

人在一定的环境中工作和生活，久而久之就会形成一种固定的思维模式，我们称之为思维定式或惯性思维。它使人们习惯于从固定的角度来观察、思考事物，以固定的方式来接受事物，思维定式或惯性思维是创新思维的天敌。

很多人形成惯性思维后，不愿打破头脑中的"顽固"信念，久而久之，就养成了根深蒂固的思维定式。这种思维定式影响思考模式，使思考陷入一元化，导致看事物片面，有局限。人只有打破了惯性思维的枷锁，突破惯性思维的阻力，才能有好的思考方法，想事多元化、多角度，看事不局限，不钻牛角尖。

一个化学实验室里，一位实验员正在向一个大玻璃水槽里注水，水流很急，不一会儿就灌得差不多了。于是，那位实验员去关水龙头，可万万没有想到的是水龙头坏了，怎么也关不住。如果再过半分钟，水就会溢出水槽，流到工作台上。水如果浸到工作台上的仪器中，便会立即引起爆裂，而仪器里面是正在起着化学反应的药品，遇到空气就会燃烧，几秒钟之内就能让整个实验室变成一片火海。实验员们面对这一可怕情景，惊恐万分，他们知道一旦起火谁也不可能从这个实验室里逃出去。

那位实验员一边去堵住水嘴，一边绝望地大声叫喊起来。这时，实验室里一片沉寂，死神正一步一步地向他们靠近。此时，只听"叭"的一声，在一旁工作的一位女实验员，将手中捣药用的瓷研杵猛地投进玻璃水槽里，将水槽底部砸开一个大洞，水直泻而下，实验室一下转危为安。

在后来的表彰大会上，人们问她，在那千钧一发之际，怎么能够想到这样做呢？这位女实验员只是淡淡地一笑，说道："我们在上小学的时候，学过一篇课文，那篇课文是《司马光砸缸》，我只不过是重复地做一遍罢了。"

这个女实验员用了一个最简单的办法避免了一场灾难，活学活用，思维没受限制。《司马光砸缸》中的"缸"可以看作是人们的惯性思维，由于惯性思维的"牢不可破"，很多时候人们对很多机会视而不见，"爆点"产生不了，创新就更谈不上了。因为人们被自身的惯性思维束缚，只能在问题面前束手无策。而唯有打破思维定式，才能放飞思维，进入创新的新天地。

在生活中，有很多人会被固有的思维习惯困住。比如有一道题目是："雪化了，变成了什么？"有很多同学回答："雪化了，变成了水和泥。"这确实是正确答案。但有一名同学这样回答："雪化了，变成了春天。"试想一下，哪种回答更能打动你呢？肯定是第二种。很多人的个性思维被所谓"正确答案"、"标准答案"给无情地抹杀了，所以，创新也就无从而来。

还有，从那些被驯服的大象中，也能看出惯性思维的可怕：一头大象能用鼻子轻松地将一吨重的物品抬起来，但在平时我们看到力大无比的大象却安静地被拴在一根小木桩上。因为大象从小就习惯了小木桩的束缚，长大后它也不敢有反抗的念头了。

人打破固有思维的限制和束缚，随时调整自己的思维方式，不为经验所左右，不为人言所诱惑，多角度想问题，看问题，才能产生创意，进而"引爆"，最终创新。这虽是一个艰难的过程，但也会有"灵光一闪"的时候，而创新艰难之处就在于要"化茧成蝶"。

下面这个寓言讲的是一个关于生命升华的道理。用它来比喻"爆点"思维是非常合适的：

蛹看着美丽的蝴蝶在花丛中飞舞，非常羡慕，就问："我能不能像你一样在阳光下自由地飞舞？"

蝴蝶告诉它："第一，你必须渴望飞翔；第二，你必须有脱离你那非常安全、非常温暖的巢穴的勇气。"

蛹就问蝶："这是不是就意味着我要死亡？"

蝶说："从蛹的生命意义上说，你已经死亡了；从蝴蝶的生命意义上说，你又获得了新生。"

这个寓言正是预示着人们思维的火花要化蛹成蝶必须经过蜕变才能重新迎来更好地生命力。

社会的进步，是要靠发展一步步推动的，在创新中发展，在蜕变中进化，甚至进行颠覆性的重建，都是发展的必经之路。

新的时代日新月异，我们比以往任何一个时代都更需要对传统思维模式进行彻底"破坏"后的再重建，如果一次不行，再推倒重来，颠覆——重建——再颠覆——再重建的一次次试验中，说不定哪一次你就能找到创意的火花灵光一闪。人不进行这样的过程和颠覆性重建，想轻而易举地迈入新的领域或坐享其成等着天上掉馅饼都是不现实的。人只有创新，才会有新的思维点闪耀，才会有"爆点"，继而有创造力，有新产品。

敢于尝试才会有新的发现

人生犹如在向一座遥远的灯塔前进，不敢在黑暗中尝试航行的人，就会在人生的道路上停步不前，也永远不会到达成功的光明彼岸。

尝试是人一种可贵的本能，是社会进步、科技发展的动力，人只有通过不断的尝试，才能以思维的杠杆撬开头脑中盘踞的创造力。当今社会进入信息时代，传统理念，传统思维，会阻碍人对新事物新产品的发明创造。因此，只有时时颠覆旧有的观念，才会让社会发生天翻地覆的改变。今天的互联网让人们在享受便利美好生活的同时，还享受了诸多与以往的生活方式不一样的科技生活方式。如今谁也无法预知未来甚至明天会发生什么，所以，每个人只要尝试创新就会产生创意，就会进入发明创造之列，因为每个人都有创新的机会。

未来人才辈出的社会拼的是创新能力，有创意的人才能脱颖而出，所以，敢于尝试，敢于打破常规，就会有新的创意"破茧而出"。

尝试，是对未知方法进行可行性的探索，是对未知情况的一种理性推理，并不一定要求是大手笔，但确实需要动番心思，找到头脑中灵光一闪的创意。

有一个卖菜的农民，因为他爱动脑筋，所以常常比别人花的力气小反而比别人赚钱多。为什么呢？

其实他并没有多高的文化，唯一不同的就是他爱琢磨，爱尝试。一年秋天收获洋葱后，为了卖个好价钱，大家都先把洋葱按个头分成大、中、小三类，每人都起早摸黑地干，希望快点把洋葱分好运到城里赶早上市。而这个农民却不着急，他把洋葱无论大小直接装进麻袋里，因为他发现，很多东西如果经过颠簸，就能自然分层，就像用畚箕筛米和豆子一样，他想尝试用这种方法试试颠簸的路能否帮他把洋葱大小分开。因此他在向城里运洋葱时，没有走一般人都走的平坦公路，而是载着装洋葱的麻袋开车走一条颠簸不平的山路，这样一路下来，因为车子的不断颠簸，小的洋葱就落到麻袋的最底部，而大的就留在了上面，卖的时候大小就基本上分开了。这样，他的洋葱最早上市，赚的钱比别人多也块。

这个农民的例子很有趣吧，其实没有很高的文化也不可怕，可怕的是思维僵化，循规蹈矩，想象力贫乏，致使连尝试都不敢尝试。不敢尝试，怎么知道能否成功？现今给我们的生活带来更好更便利的事物和适合我们消费者个性化需求的东西，以及营造完美消费体验的商业模式，都是经过不断尝试才日渐成型的。世上万事万物没有什么约定俗成的方法，每个人、每件事都可以进行尝试，尝试只要是在理性的思考基础上，都可以找到创意点，发现机会。当然尝试需要更大的勇气，可以这样说，没有勇气和想法的人是不会产生创意这种机会的。历史证明，人类的一切发明与创造包括一切奇迹都源于人敢于创新和尝试的勇气，因为，只有不断探索新的方法，不拘泥于权威和先例，才能有与众不同的创造力，引爆创业，而这最关键的一步就是尝试，尝试才能有最终的收获。

格兰特将军在作战时，曾不按照军事学书本上的战争先例打仗，被其他人耻笑，然而结束美国南北战争的人确是他。拿破仑在横扫欧洲时，不拘泥于先前的战法，创造出新的战术，被称为"奇迹的创造者"。有毅力、有创新精神的人，就会有与众不同的收获。罗斯福总统进入白宫后，把先前的先例、政治的习惯，全部废除。他坚持"做他自己"，坚持自行其是，结果成了一代杰出的总统。

杰出人士总是特立独行，对于每一件事，他们不管以前是否有人做过或其他人是怎样做的，只要认为自己基于理性推理的想法和创意有可能实现，就会不断去尝试。他们敢于想别人所不敢想的，做别人所不敢做的，他们相信，这个世界上，只有经过尝试才能为创造"爆点"打开成功之门。

其实，在现实生活中，尝试新的方法和思路远没有想的那么可怕。尝试的后果，有时会失败，但更多是有所收获，比如新的创意的诞生。所以尝试是引发"爆点"思维的必经路途，人有了创意，奋斗才会开始，否则，不行动只能是白日做梦。

有时，在现实生活中我们会发现前路"看着黑"，但是走下去"未必如此"，往往是走到"黑暗近处"的时候，就会发现，"前路"并不"太黑"，甚至有时就是"亮的"。这不仅是自然界的一种情形，在人的事业、爱情、家庭、金钱和人际关系等等方面也是如此。很多人有这样的体会，坐在那里想，越想越可怕，坐在那里看，越看越黑暗。这都是悲观的人、负能量的人的思维方式，反之，尝试着向前走，不畏艰难和黑暗，也许就会发现，前方其实并没有什么可怕的，说不定还能有人生意外的收获。所以面对未知事物和一切领域，人都要勇于去"尝试"，绝不要单纯去"想"，去"等"，去"盼"，因为，不试怎么知道结果？人生的极限是需要挑战才能知晓的，试过了吗？没有试，或许你就错过了"机遇"。

另外，任何事物都是从"量变到质变"，尝试也是在"探量"——即在"量"上做文章。当"量"不断积累出来，就可以对其进行尝试，让量变达到质变。

信息时代每天都会有天翻地覆的变化，邯郸学步的唯唯诺诺早已是行不通的笑话了，但现实生活中依然有人怕尝试，于是一味地安于现状，事事本着"维稳保险"的观念，认为约定俗成的方法才是最好的。但实际上，如果不去尝试，也许人们永远不会知道自己的潜在能量有多大。

从更深的含义上说，"尝试"其实也是一种挑战，挑战一切"不可能"和"不知道"。人非生而知之者，孰能无惑？生活中不可避免有很多的未知的问题和有待探索的领域，如果都望而生畏，退避三舍，永远不想也不愿意去寻找更好的答案，生活得像个准时的钟表，那人生的意义就会失色不少。

人只有敢于尝试，在经历了尝试后，才可能发现接近成功的捷径。所以，尝试是一种积极的人生态度，懂得尝试的人才会觉得生活每天都充满着新奇与挑战。爱尝试的人也是勇敢的，因为只有那些能在尝试中探索的人才会填补世界中的一项项未知的空白。

积极人生需要尝试，幸福人生需要尝试，快乐人生更需要尝试。让我们来做一个敢于尝试的行动者吧，向人生中一项项未知的领域挑战，说不定哪一天你就会有意外的收获和巨大的发现，尝试助你在成功的路上会走得越来越远。

没有创新，永远也拿不到冠军

人类的希望取决于那些知识先驱者的思维，他们所思考的事情可能超过一般人几年、几代甚至几个世纪。思考是人存在的象征，独立思考是人成材的前提。

创新是以新思维、新发明和新改变为特征的一种概念化过程。起源于拉丁语，它原意有三层含义，第一，更新；第二，创造新的东西；第三，改变。创新是人类特有的认识能力和实践能力，是人类主观能动性的高级表现形式，是推动社会进步和发展的不竭动力。

微软最年轻的经理李万钧，1998 年计算机本科毕业时，放弃了考研和出国，选择进入了名气很大对他又有吸引力的软件行业的老大——微软公司，作为其走向社会的第一步。而今 6 年过去了，回头看他当时的选择，丝毫不逊于考研或出国：工作两年后，年仅 24 岁的他就被提拔为微软历史上最年轻的中层经理，2002 年他更因在上海技术中心出色的工作表现而调任美国总部任高级财务分析。

初进微软时，李万钧虽只是技术支持中心一名普通的工程师，但他非常想干好毕业后的这第一份工作。当时经理考核他的标准是每个月完成了多少任务，解决了多少客户的问题，花了多少时间在客户身上，这些都记录在公司的报表系统每月给他出的"成绩单"上。每月得到这个"成绩单"时，李万钧才会知道自己上个月做得怎么样，他在整个队伍里处于什么样的水平。他想，如果可以比较快地得到"成绩单"报表，从数据库内部推进到每天都有一个报表，从经理的角度，岂不是可以更好地调配和督促员工？而从员工的角度，岂不是会更快地得到他人进步的消息，促自己进步？与此同时，他还了解到现行的月报表系统有一些缺陷：当时上海技术支持中心只有三四十人，如果遇到新产品发布等业务量突然增大或者有一两个员工请病假，很多工作就会被耽误甚至经理直接接到客户投诉。这两方面都让李万钧觉得中心要有更快速反应的报表系统，而当时使用的报表系统是从美国微软照搬过来的，微软在美国有 3000 名工程师，即使业务量突然增大或有十来名员工请假也不会有什么原则上的大问题。意识到这些问题后，李万钧花了一个周末的时间用 ASP——微软服务器上的一种脚本写了一个具有他所期望的基础功能的报表小程序，并在唐骏经过工作区时展示了一下这个小程序。唐骏马上认识到李万钧的想法和小程序的价值，他鼓励李万钧完成并花了很多时间与他探讨希望看到哪些数据。

一个月后，李万钧的"业余作品"——基于 WEB 内部网页上的报表实际投入了使用，取代了原来从美国照搬过来的 EXCEL 报表。

李万钧设计的报表在使用中确实达到了预期的激励员工的效果。不过后来这套报表系统所起到的作用还不止于此。1999、2000 年两年，业余时间里李万钧每个月都在不断新增报表系统的功能，这套系统的应用范围也不断扩大，后来，这个系统在欧洲的微软公司也得到了采用。

由于在报表系统上出色的创新性工作，2000 年，唐骏将一个重要的升迁机会给了李万钧。

生活中，成功的人都是敢于创新的人。他们思想开放，不断接纳新思想，并且在形势发生变化的时候，会及时调整自己的做法。这些人在公司或企业每次推出一种新的产品或服务的时候，就已经开始致力于新的替代品开发了。而成功的公司和他们的领导者们不允许让已有的成功压制创新的动力，他们让创新者保持着一种永不停息的赛跑状态，不断超越着自我，不断给公司做出新的贡献。

创新的智慧是一笔巨大的资产。很多时候，停滞不前是因为墨守成规，以至于无法适应新的变化。

人需要经常自我反省，看看自己脑子的一部分是不是已经处于休眠状态。当一个人认为他已经被生活固化了的时候，他实际上是陷入了僵化的危险状态。这暗示着，随着车轮的前进，遇有下一次颠簸就可能会把他"摔下去"。

而当一个人穷思竭虑地要找出富有创意的方法来解决问题时，最好的机会也会随之而来。例如：一双未受训练的眼睛看水晶矿石不过是一块普通的石头，只有经过训练，才能看出在矿石的内部有着美丽的水晶。创意是给不断做新尝试的人预备的，不敢尝试的人，永远不会有新的发现。

创造财富已经成为这个时代的最强音符，人要创造财富、把握财富，靠的正是创新的智慧。

如今，社会中有广阔的天地在等待人们开发，尝试可能会让人有很多了不起的发现，还有可能找到与众不同的生活步调与模式。人能适应的东西会有很多，人能突破的局限也会有很多，所以，勇于尝试，就能看到世界是无限宽广的。

常变常新，让创新思路转化为创造力

思路对于每个人来说都是至关重要的，有了思路人才能创造出别人创造不出的东西。生活中，每件事情都在随时变化，思路也是，所以，常变常新，让你的思路也与时俱进吧。人有了好的思路，就会发现原来这个世界上还有好多东西都是你没有发现的。

欧拉是数学史上著名的数学家，他在数论、几何学、天文数学、微积分等好几个数学的分支领域中都取得了出色的成就。不过，这个大数学家在孩提时代却一点儿也不讨老师的喜欢，读小学时就被学校除了名。

离开校园后，他帮助爸爸放羊，成了一个牧童。他一面放羊，一面读书。他读的书中，有不少是数学书。

爸爸的羊群渐渐增多了，达到了 100 只。原来的羊圈有点小了，爸爸决定建造一个新的羊圈。他用尺子量出了一块长方形的土地，长

40米，宽15米，一算，面积正好是600平方米，平均每一头羊占地6平方米。正打算动工的时候，他发现材料只够围100米的篱笆，不够用。若要围成长40米、宽15米的羊圈，其周长将是110米(15+15+40+40＝110)，父亲感到很为难，若要按原计划建造，就要再添10米长的材料；若要缩小面积，每头羊的占地面积就会小于6平方米。

小欧拉却向父亲说："不用缩小羊圈，也不用担心每头羊的领地会小于原来的计划。我有办法。"父亲不相信小欧拉会有办法，就没有理他。小欧拉急了，大声说："只有稍稍移动一下羊圈的桩子就行了。"

小欧拉见父亲同意了，站起身来，跑到准备动工的羊圈旁。他以一个木桩为中心，将原来的40米边长截短，缩短到25米。父亲着急了，说："那怎么成呢？那怎么成呢？这个羊圈太小了，太小了。"小欧拉也不回答，跑到另一条边上，将原来15米的边长延长，又增加了10米，变成了25米。经这样一改，原来计划中的羊圈变成了一个25米边长的正方形。然后，小欧拉很自信地对爸爸说："现在，篱笆也够了，面积也够了。"

父亲照着小欧拉设计的羊圈扎上了篱笆，100米长的篱笆真的够了，材料不多不少，全部用光。面积也足够了，还稍稍大了一些。父亲心里感到非常高兴，他认为孩子比自己聪明，会动脑筋，将来一定会大有出息。

父亲感到，让这么聪明的孩子放羊实在是太可惜了。后来，他想办法让小欧拉认识了一个大数学家伯努利。通过这位数学家的推荐，1720 年，小欧拉成了巴塞尔大学的大学生。这一年，小欧拉才 13 岁，是这所大学中最年轻的大学生。

思路有时会决定命运，小欧拉的故事向我们证明了这一点。所以，让思路与时俱进，每天每时每刻让思路随着时间而变得常新常变，也许你就会发现一些别人无法发现的问题，研究一些别人无法解开的难题，这就是思路的贡献。思路要经常变化，这样面对问题就能有多方面的解决方法，保证我们在竞争激烈的社会中拥有一席之地，不被淘汰。

即使模仿，也要尝试超越

有位哲人说："这个世界上除了发现，还有'找到'，因为你发现的东西早已存在那里，你只不过是找到它罢了。"换句话说，创新是从模仿起步的，模仿的高级阶段就产生了创新，创新是起步于模仿而超越了模仿的高级阶段。

模仿并不是一件羞耻之事，每个人都是从模仿开始，然后长大成人，学会自立，所以说，模仿是人原始积累中必不可少的一个阶段，先模仿而后有创造性的模仿，创造性的模仿绝不是人云亦云，而是超越先例和再创造。

台湾巨富辜振甫出身于富商家庭，但他年轻时隐姓埋名，只身去了日本，从公司最基层的员工干起，他学习日本企业的管理经验，为日后管理家族生意打下了基础。

比尔·盖茨在华盛顿大学商学院的演讲中曾对学生建议："我不

认为你们有必要在创业阶段开办自己的公司。实际上，为一家公司工作并学习他们如何做事，也会令你们受益匪浅"。

是的，模仿是一种学习，创新也是一种学习，学习允许模仿，但成功则需要创新。

美国有个叫杰福斯的牧童，他的工作是每天把羊群赶到牧场，并监视羊群不越过牧场的铁丝到相邻的菜园里吃菜。

有一天，小杰福斯在牧场上不知不觉地睡着了。不知过了多久，他被一阵怒骂声惊醒了。只见老板怒目圆睁，大声吼道："你这个没用的东西，邻家菜园被羊群搅得一塌糊涂，你还在这里睡大觉！"

小杰福斯吓得面如土色，不敢回话。

这件事发生后，机灵的小杰福斯就想，怎样才能使羊群不再越过铁丝栅栏呢？他发现，牧场前边有片生长玫瑰花的地方，那里并没有更牢固的铁栅栏，但羊群从不过去，原来羊群怕玫瑰花的刺。"有了"，小杰福斯高兴地跳了起来，"如果在铁丝上加一些刺，就可以挡住羊群了"。

于是，他找来一些铁丝并将铁丝剪成5厘米左右的小段，然后把它结在铁丝上当刺。结好之后，他再放羊的时候，发现羊群起初也想试图越过铁丝网去菜园，但每次被刺疼后，都惊恐地缩了回来，在被多次刺疼之后，羊群再也不敢越过栅栏了。

小杰福斯成功了。

半年后，他申请了这项专利，并获批准。后来，这种带刺的铁丝网便风行世界。

杰福斯靠模仿打出了自己的一片天地。模仿与创造并不是对立的，创造有时从模仿开始。许多人把模仿看成创造的对立面，看成是水火不相容的两个方面，这其实是一种很严重的误解。

生活中，模仿处处存在，小到生活起居、语言行为，大到科学创新。但有些人仅限于一成不变地模仿，从不加入自己的思考，还有更多人即使模仿，却在尝试超越。德国著名哲学家恩斯特·卡西尔在《论人——人类文化哲学导论》一书中对模仿的价值有精彩论述。他说："语言发生于对声音的模仿，艺术则源于对外在事物的模仿。"亚里士多德也说：'从孩提时起，模仿对人而言就是自然的，和较低等的动物相比较，他所具有的一个利益在此，他是世界上最善模仿的动物，并且最初是通过模仿而学习。'而且同时模仿也是一种不可穷尽的欢愉之源……"

所以，不容置疑，模仿是创新的前奏，但问题在于模仿什么，怎样模仿，模仿后如何超越，人在模仿的过程中具有什么样的心态。

单纯地模仿，会让人陷于不敢"越线"的误区，很多人在模仿中缺少一种超越的意识，将模仿当成了目的，以为模仿得越逼真越好，甚至认为模仿到逼真了就可以自我满足了，这实际上是走入了创新的误区，因为这种观念会束缚创造力。反之，以模仿为超越基础，模仿会成为创造的起始，会促使人发现他人未发现的事物，创造力也就成为了现实。

模仿者绝不能将模仿看成目的，而应当作为创造的动力。如果一个人将模仿当成目的，模仿就会成为创造的障碍；如果将模仿作为动力，时刻怀有一种超越的心态，那迟早会走上独立创新之路。

创新不是要否定模仿，模仿了也不是就没有创新，从某种意义上说，成功的模仿是一种借鉴他人成果，通过发现尝试自我创新的过程，因为"站在巨人的肩膀上可以看得更远"。

破茧而出，化蛹成蝶

"爆点"思维要敢于在众人面前坚持自己，突破常规，这需要勇气和魄力，但唯有如此，才能化蛹成蝶，破茧而出。

哥伦布是 15 世纪著名的航海家。他历经千辛万苦终于发现了新大陆。对于他的这个重大发现，人们给予了很高的评价和很多荣誉。但也有人对此不以为然，认为这没有什么了不起，话中经常流露出讽刺之意。

一次，有个朋友到哥伦布家中作客，谈笑中提起了他航海的事情，并认为发现新大陆没有什么，哥伦布听了，只是淡淡一笑，并不与之争辩。然后，他起身到厨房，拿出一个鸡蛋对正在做客的许多人说："谁能把这个鸡蛋竖起来？"

大家一哄而上，这个试试，那个试试，结果都失败了。"看我的。"哥伦布轻轻地把鸡蛋一头敲破，鸡蛋就竖立起来了。

"你把鸡蛋敲破了，当然能够竖起来呀!"有人不服气地说。

"现在你们看到我把鸡蛋敲破竖起来，认为没有什么了不起，"哥伦布意味深长地说，"但在这之前，你们怎么谁都没有想到这样做呢?"

大家的脸一下子变得通红。

人要想拥有超越别人的光环，要想创造出领先时代的旋律，一定要敢于去冒别人不敢冒的风险。因为，只有敢于尝试，敢于拼搏，才能发现"新大陆"。

人的思维可以无限宽广，人的创造激情可以无限广阔，人越相信自己的能力，就对创新的前景越有信心，而有信心、勇敢、坚韧的人，注定会破茧而出、化蛹成蝶，站在时代的前沿，吹响引领潮流的号角。

两个樵夫靠着上山捡柴糊口，有一天他们在山里发现两大包棉花，俩人喜出望外，棉花价格高过柴薪数倍，将这棉花卖掉，足以供家人一个月衣食。当下俩人各自背了一包棉花，赶路回家。

走着走着，其中一名樵夫眼尖，看到山路上扔着一大捆布，走近细看，竟是细麻布，足足有十多匹之多。他欣喜之余，和同伴商量，一同放下背负的棉花，改背麻布回家。

他的同伴却有不同的看法，认为自己背着棉花已走了一大段路，到这里丢下棉花，岂不枉费先前的辛苦，而且麻布沉重，不如棉花轻，坚持不愿换麻布。先前发现麻布的樵夫屡劝同伴不听，于是自己背起麻布丢下棉花，与同伴前行。

又走了一段路后，背麻布的樵夫望见林中闪闪发光，待走近一看，地上竟然散落着一些黄金，心想这下真的发财了，赶快邀同伴放下肩头的棉花，改用挑柴的扁担挑黄金。

他的同伴仍是那套不愿丢下棉花，以免枉费辛苦的论调；并且怀疑那些黄金是不是真的，劝他不要白费力气，免得到头来一场空欢喜。

发现黄金的樵夫只好自己挑了两小坛黄金，和背棉花的伙伴赶路回家。

走到山下时，天下了一场大雨，俩人被淋了个湿透。更不幸的是，背棉花的樵夫背上的大包棉花，吸饱了雨水，重得完全无法再背，那樵夫不得已，只能丢下一路辛苦舍不得放弃的棉花，空着手和挑金的同伴回家去。

这个故事说明背棉花的樵夫思想僵化。人的思维，有时一转天地宽，很多实践证明，善于变通的人会在灵活处理问题中游刃有余，而不善于变通的人却时常为事所困，到处"救火"。

法国有个女高音歌唱家，她有一个美丽的私人园林。每到周末，总会有人到她的园林里去摘花，采蘑菇，还有的甚至搭起帐篷，在草地上野营、野餐，弄得园林一片狼藉，脏乱不堪。

　　管家曾让人在园林四周围上篱笆，并竖起"私人园林，禁止入内"的木牌，但均无济无事，园林依然不断遭到践踏和破坏。于是，管家只得向主人请示。

　　歌唱家听了管家的汇报后，让管家做了几个大牌子立在各个园林四周，上面醒目地写着：如果在园林中被毒蛇咬伤，最近的医院距此15公里，驾车约半个小时才能到达。自此以后，管家发现再也没有人闯入他们的园林了。

　　园林还是那个园林，但主人变换了一个思路，保护园林的难题就这样解决了。

　　一个敢于打破常规的人可以灵活地运用一切他所能知道的知识，还可巧妙地运用他并不了解的知识达到自己的目的。人能在恰当的时间内将应做的事情处理好，或处理得比较圆满，这不仅仅只是聪明，也可以称之为思维变通水平高。

　　可见，一个人只要思维足够灵活，掌握了变通之道，就可以应对各种出现问题的变化。这是一种智慧，也是一种思维方式，更是时代需要的一种变通能力，所以，一个人如果在做事过程中感到"行不通"的话，那就尝试其他方式，不要怕花费时间"挑战"自己，不要怕浪费脑细胞"思考"事情，因为——变通正是从一次次尝试、一次次思路转换中才绽放出强大的威力的。

开动脑筋，
让思考插上翅膀

刨根问底，创意始于深入思考

笛卡尔说：我思故我在。还有一位西方哲人说：人是有思维的芦苇。虽本脆弱，但是因为思考，才有了各种发明创造，使得人变成自然界中的强者生存下来，社会也变得越来越进步，科技变得越来越发达，生活也在不断的技术进步中变得日臻完善。

工作中，生活中，所有的计划、目标和成就，都是人思考的产物。当然，有的人成就了伟业，有的人却碌碌无为一辈子，区别就在于能不能从冰山一角深入下去，丰富自己的思路，丰满创意的轮廓，从而发现通往成功的大门。

从无到有，从未知到已知，从懵懂到成熟，无论是科学巨匠还是商业大亨，他们的超常之处都是在于思维有创造的力量，有创造力的人经过不断地发现问题——深入思考问题——最终引爆火花——达到创新，使创造力的羽翼丰满，不但增长了智慧，还能创造出令人惊叹的新事物。这其中，人的刨根问底精神和不找到答案誓不罢休的坚韧精神起了决定性作用，事实证明，每个精彩的创意背后都是人的这两个"基因"在做动力。

在儿时，长辈就经常讲"打破砂锅问到底"的故事，从现代教育学的理论来看，"打破砂锅问到底"是和一种非常重要的精神——勤思多思一脉相承的。人有这两种精神，就会保持可贵的好奇心和探索精神，当在未来的生活、事业道路上遭到困难和挑战时，也能走得坦然、从容，慢慢接近成功的终点。所以，创新永远没有"能不能"的问题，只有"会不会深入下去穷其思考"爆发出耀眼的火花的问题。

生活中，很多人都想创新，可是要想创新并不是那么容易的，创新的巨大的阻力之一就是横亘在头脑中的"思路陷阱"，说其是"陷阱"，是因为假如在创新的过程中遇到了一些具有挑战性或技术性的突发问题，很多人往往会放弃或者浅尝辄止或者干脆照搬别人的模式或者简化为传统方式，还有些人甚至把问题应付过去以为万事大吉，这些简单化的处理实际上不但于事无益，还会适得其反。

一个人，只有"打破砂锅问到底"，才能有所发现，一个人如果真的想做出一番与众不同的成绩，满足于表面上的"没有问题"也是不行的，创新不会"眷顾"那些思维上僵化的"偷懒者"，科学上的巨匠、技术上引领时代的发明家们无不是因为充满了好奇和求知欲，把时间花在了"刨根问底"上，以至最终寻求到答案的人。他们矢志不渝的探索精神使他们拥有了非凡的创造力和惊人的发现，使社会发展到今天这个更加智慧、更加先进、更加文明的现代化社会。

数学家笛卡尔从小就是个喜欢"刨根问底"的孩子。有一次保姆给他讲神话故事："你看天上那颗闪亮的星叫美女星，上面住着一位漂亮的小公主。""就没有其他人吗？""有，还有王子。""既然有王子，为什么还叫美女星？"保姆不敢再讲下去了。她告诉笛卡尔的父亲，这孩子太聪明，应该送他去上学了。

笛卡尔就是凭借这样勤思好问的好习惯，成就了他日后的事业。是他第一个想到：为什么自古以来代数和几何一直分而不合，能不能用某种形式，在这两者间建立某种联系？经过不懈的探索，他终于如愿以偿，发明了笛卡尔坐标系即直角坐标系。

笛卡尔靠的就是自己对答案的矢志不渝才获得成功的，他一生中对任何想探索的事从不放弃，他努力地探索，最终获得了惊人的成就。

综观今天，虽然现代科技已经非常发达了，但仍然有很多未知的领域等待着人们去探索、去发现，今天的人们更需要"刨根问底"、矢志不渝的探索精神。

伽利略1564年生于意大利的比萨城，在伽利略17岁那年，他考进了比萨大学医科专业。他上课喜欢提问题，不问个水落石出决不罢休。

有一次上课时，比罗教授讲胚胎学。他讲道："母亲生男孩还是生女孩，是由父亲身体的强弱决定的。父亲身体强壮，母亲就生男孩；父亲身体衰弱，母亲就生女孩。"

比罗教授的话音刚落，伽利略就举手说道："老师，我有疑问。"

比罗教授不高兴地说："你提的问题太多了！你是个学生，上课时应该认真听老师讲，多记笔记，不要胡思乱想，动不动就提问题，影响同学们学习！"

"这不是胡思乱想，也不是动不动就提问题。我的邻居，男的身体非常强壮，可他的妻子一连生了五个女儿。这与老师讲的正好相反，这该怎么解释呢？"伽利略没有被比罗教授吓倒，继续问。

"我是根据古希腊著名学者亚里士多德的观点讲的，是不会错的！"比罗教授搬出了他的理论根据，想压服伽利略。

伽利略却说道："难道亚里士多德讲的不符合事实也要硬说是对的吗？科学一定要与事实符合，否则就不是真正的科学。"比罗教授被问倒了，他生气走了。

后来，伽利略受到了校方的批评，但是，他勇于坚持、好学善问、追求真理的精神却丝毫没有改变。也正是因为这样，他最终成为一代科学巨匠。

伽利略之所以成为举世瞩目、青史留名的著名的科学家，与他的好学思维和对问题的刨根问底、对答案的矢志不渝的探索精神息息相关。因为他的探索精神，他创造了科学史上的奇迹，让人类离真理的脚步更接近了，人们之所以至今仍然铭记他，缅怀他，不只是他创立了那些伟大的科学理论，他的"刨根问底"精神也值得我们学习。

"引爆"创意基础——多角度思考

今天，新事物层出不穷，世界每天都在发生翻天覆地的变化，我们思考问题的角度不仅应是多样性的，而且更应是无限性的，甚至随着时间空间的变化而变化，这才能体现创意思维的"引爆"基础。

可能很多人会问为什么创意思维要有多方面的"引爆"基础呢？人不是说只要有创意、只要有灵感，就能有思维的火花吗？事实证明，创意思维不是简单的突发奇想，创意来源也不是只拥有单向突破式的一条线索。

《哈姆雷特》这部名著很多人都看过，但英国有句谚语却说，1000个读者的心里就有1000个的《哈姆雷特》——这就是文学产生的多效性，因为不同的人有不同的思维；生活、工作也适用于这句话。生活方方面面总在不停地千变万化，而工作更是错综复杂，任何工作没有什么模式和方式是完全一样的，每个人考虑问题，都不会是同一个角度，每个人看事物，得出结论也不会是一样的。所以，必须多角度、全方位思考，才能因人而异，因地制宜，寻找出突破问题的"爆点"。

一个送牛奶的快递员在他的那个片区里面工作了好多年，所有的人都喜欢他。有一天，牛奶公司的老板决定让他去管理一个新的分公司。于是他在离开的前一天，带着一个接替他的新牛奶快递员来到这个片区，一家家地解说："这家的牛奶是给孩子喝的，这个孩子才2岁，每次都不会乖乖地喝牛奶。你可以在她的牛奶罐上放一个蝴蝶结，粉红色的，这样孩子就会喜欢。而这家人是养狗爱好者，每次都是他养的狗出来拿牛奶，所以每次都可以在牛奶瓶上挂一个铃铛，这样他家的狗就能够很快地拿到牛奶。"

"为什么你考虑得这么周到啊？别的牛奶快递员都不会这么麻烦的。"那个牛奶工十分疑惑地问道。

"小伙子，只要你多为别人想想，就会赢得越来越多的客户，这其中的学问只有你多实践才能体会。"这个牛奶快递员说道。

生活中，我们每天都会接触不同的人，而不同的人总是会从不同的角度看事情，想问题，很多推销员业绩一般并非没有能力，而是他们并没有研究清楚每个顾客的心思，没有多角度地为顾客考虑。如果推销员站在顾客的角度，设身处地地为他们着想，就会很容易打动顾客，不会让有购买需要的顾客最终空手而归。这就是今天很多行业提倡的个性化服务和人性化管理的要义所在。人要永远记住，寻找"爆点"解决问题最好的方法是多角度地思考问题，如果只是"直线"式思维，一根筋想问题，"爆点"是不会产生的。

人不能给自己画地为牢，将自己限制在一个小圈子里，人只有突破自我设限，放开眼光，从多角度思考、多方面尝试，才能找到成功的道路。

沈阳有个名叫王洪怀的人，以收破烂为生，有一天他突然想到，收一个易拉罐才赚几分钱，如果将它熔化了，作为金属材料卖，是不是可以多卖一些钱呢？于是他把一个空罐剪碎，装进自行车的铃盖里，熔化成一块指甲大小的银灰色金属，然后花了600元在市里有色金属研究所做了化验。

化验结果出来了，这是一种很贵重的铝镁合金！当时市场上的铝锭价格，每吨都在14 000元至18 000千元之间，这是一个很高的价格。于是他算了算，每个空易拉罐重18.5克，54 000个就是一吨，这样算下来，卖熔化后的材料比直接卖易拉罐要多赚好几倍的钱！他决定回收易拉罐熔炼。

看看，他在一念之间，从收易拉罐到冶炼易拉罐，不仅改变了他所做的工作的性质，也让他的人生走上了另外一条轨道。后来，他为了多收易拉罐，甚至把回收价格从每个几分钱提高到一角四分，又将回收价格以及约定日期、指定收购地点印在自己的名片上，向所有收破烂的同行散发。

到了约定日期，他骑着自行车到指定地点一看，只见很多货车在等待着他，车上装满了空的易拉罐。这一天，他回收了13万多个易拉罐，足足两吨半。他趁热打铁，立即办了一个金属再生加工厂。一年内，加工厂用空易拉罐炼出了240多吨铝锭；三年内，他赚了270万元。他从一个"收废品的人"一跃而成为企业家，成了百万富翁。

在许多"收破烂"的人看来，以最低的价格收购废品，再以最高的价格卖出，便是他们赚钱的来源了，他们一般不会轻易地打破自己的这条赚钱原则，他们日复一日、年复一年地赚其中的差价。可是上述案例让我们看到，人若是总按着正常思维的方式去想问题，就容易钻进"死胡同"而无法自拔，其实很多时候，人只要多角度想问题，多拓宽思路，就能冲破思考瓶颈，从而得到意想不到的收获。

不只是商业领域如此，历史上那些科学巨匠与艺术天才、发明者，他们的可贵之处也在于能从多角度思考问题、研究问题、解决问题。他们的思维会不停地从一个角度转向另一个角度，以重新构建这个问题的方式一次次否定原有的思维模式，这些并非是在做无用功，他们对问题的理解随视角的每一次转换而逐渐加深，最终抓住问题的实质，取得了科学上、艺术上以及其他领域上的突破，最终成为或者改变了人类生活的科技创新，或者是发明出了更加符合消费者需求的产品。

所以，如果你也想向那些创新的人一样取得有突破性的发现或者创新的话，就要开阔视野看问题，以多角度的思维方式思考问题，因为凡事都是多样化的，试一试多元化思考，也许不仅会获得多方面的力量，还会发现自己的思考世界原来是充满色彩的。

培养"跨位"思考能力，引发创造实现

很多人都有惯性思维，爱用自己习惯了的方式思考，善用自己习惯了的行为方式处事，久而久之就养成了根深蒂固的固化思维。这种思维固化着人们的大脑，让很多人"自以为是"，导致人们在处理问题上或进入误区，或行动失败，还有很多人的思考方式是"盲从"，而"盲从"让一些人缩手缩脚，不敢有自己的主见。

"跨位"思考是一种新思维，讲究的是向所有的旧式传统思维说"不"，培养自己"跨位"思考，将思考出的东西整合。比如，曹操在赤壁之战中失败，究其原因是败在了他自己传统的思考方式，即败给了那条"系统的铁链"，他以为把所有的战船用铁链连接在一起，就可以不变应万变，然而，战场瞬息万变，"变"才是唯一的"不变"，最终，连在一起的铁链反而让战船在危险面前无法各自逃脱。所以，赤壁大战最终曹操的惨败也是必然的。人如果不对自己以往的经验时时进行反省、更新，如果不对过去的理论颠覆、重建，那就不可能以"智慧"面对问题，处理问题时会遭遇失败。因为没有哪一种经验、书本理论能够指导人们当下要做的每一件事，凡事不会一成不变。因为，时代的特征就是"变"。

所以，我们要挑战自己的传统思维模式，遇到新问题时应该从"把习惯的盲点变成支点"开始。

某地区中山路在栈桥的旁边，前面是海，后面是山，位于半山坡之上。这里错错落落地排列着一百多栋世界各国在各个历史时期建造的别墅，非常完整，非常漂亮，每一栋别墅都有各自特点，体现着不同国家和不同时代的建筑风格，凝结着不同国家不同历史时期的文化符号。有一个时期，有一些人认为，这个很能代表地方特色的别墅区应加建一条叫卖小商品的商业街以吸引游客，增加收入。这个建议实际上是一种"习惯性"的"短期盲视"行为，很多地方的旅游景点、人文景点前都加盖了"买卖街"以吸引游客，以为在这些地方建商业街是一种发达的标准。实际上，这种做法也遭到很多人的批评，认为很多历史遗迹需要保护。后来政府请来投资专家，考察后建议，与其加建一条商业街，不如把这100多栋别墅做成"世界别墅博物馆"，再把这一百多栋别墅"租"给世界上排名前一百位的绘画大师、创意大师、设计大师和雕塑大师，把它做成一个有创意的产业园区，让这个地方成为大师云集的地方，别墅的顶楼是他们的创作室，二楼是起居室，一楼就是所创作品的展示和销售区域，同时不向这些大师们收取任何费用，仅在他们所有的创作作品的销售额里面扣去20%作为回报，这样这些别墅的作用会比过去的价值增长百倍。

生活中，很多成功人士都认识到了改变传统思维才能找到引发"爆点"引爆的关键。有一次，微软的老板比尔·盖茨和可口可乐的老板巴菲特同台演讲，有一个大学生问他们能不能用一句话概括成功的最大秘诀是什么，比尔·盖茨说是"挑战你的传统思维模式"，巴菲特说是"不要陷入你自己惯常使用的方式"。

比尔·盖茨和巴菲特这两个巨人在工作中有无数的经验，有很多的知识体系和应用手段，他们的思想帮助过很多企业成长，创造了世界上诸多的财富和商业奇迹。可以说，他们的经营方式也是世界上最科学、最先进、最完整的方式，但是在实践中连他们两个都不敢陷入自己曾有过的经验中，我们又有何资格陷入封闭思维不敢挑战呢？

"挑战你传统的思维模式"和"不要陷入你自己惯常使用的方式"讲的都是同一个意思。打个简单的比喻，杯子若想装进水，首先要把杯子倒空。思想也是同一个道理，只有先把头脑"清空"才有可能接受新的思维模式，走出惯常思维的误区。

换句话说，我们要敢于挑战自己，敢于否定旧有的思维模式。我们之所以成长"慢"是因为我们"忘记"的速度太慢，我们学习之所以困难，是因为我们脑子里装的事情太多。头脑中旧知识越多，想要更新就会越困难。人只有及时地调整和清理大脑"内存"，才会让新思维不断进入，并保持自己旺盛的活力。

商场如战场，变幻莫测，很多成功的企业家一度拥有亿万身家，但是最后却落得破产，这在很多情况下就是因为他们过于满足自己过去成功所依赖的方式，迷失在自己的惯用思维套路和行业的经验惯性招数上。人抗拒创新就会变得僵化死板，而惯性思维的束缚会影响大脑，使得即使再富有创意的人也会日渐麻木和自闭。时代在发展，陈旧的知识必须更新，企业家的心理格局必须进行相应的扩大，不然思想就会停滞甚至倒退。所以，人在成功时，首先要想到的不应该是为成功洋洋得意，而应是要及时调整自己的心态，因为成功的经验会马上"过时"，如果没有新出的"招法"，前景是非常危险的，创新需要随时开始。

"跨位"思考是挑战传统的思维方式之一。现今时代是一个共赢的时代，同行不是冤家，对于企业来说，"跨位"思考就是进行"跨行业"的战略思考和组合，"跨位"是一个动态博弈的系统工程。作为企业家，在"跨位"的时代里，不仅思想要有时时更新的意识，还要有调整做事的方法、调整做事的态度。一个人对事情的判断，对文化现象的判断，对商业模式的判断，对周边政治环境的判断都不能故步自封。成功的秘诀实际上就是不要陷入自己曾有的方式，同时也不要陷入模仿他人、不敢超越他人的方式之中。我们对待任何思想和理论都应抱着一种批判接受的态度，以 MBA 为例，西方 MBA 的课程对每个要学习的人来说，都要结合本国国情，自己实践，否则学的理论会在实践中遇到新问题。"跨位"思考意味着兼收并蓄。

把头脑中的传统思维打破，跳脱自己过去所依赖的思维模式，开启"跨位"思考的大门。人只有打碎陈旧的系统知识锁链，用"跨位"思考方式去面对问题，才能将生发出的各种资源整合为己所用，引爆大脑中潜在的"火花"。

发散思维是挑战和提升创造力的基础

对于人类而言，创造力是一种很重要的发展能源，人因为创造才能有取之不尽、用之不竭的智慧，因为创造，才能不断引发创意，让产品一夜爆红，从原始社会走向现代文明社会。而创意思维中面积辐射最大的就是人的发散思维了。

发散思维是什么呢？对于这个抽象的概念也许你觉得高深莫测，但其实没有什么神秘的，"发散思维"是指与集中思维相对的一种思维方式。打个比方，发散思维之于创意思维就如同点和面的关系一样，创意思维是点，发散思维是面，由点及面，爆发点的能量越强，辐射面积越大。那么发散思维对人有什么用呢？人有了发散思维，就相当于有了创造力的基础。

著名的心理学家吉尔福特指出："人的创造力主要依靠发散思维，因为它是创造思维的主要部分。"

发散思维能对问题从不同角度进行探索，能对问题从不同层面进行分析，能对问题从正反两面进行比较，因而视野开阔，思维活跃，可以产生出大量的独特的新思想。而集中思维是指人们解决问题的思路朝一个方向聚敛前进，从而形成唯一的、确定的答案。例如 7+4=11 这就是聚合思维，而如果问："还有哪些数相加也等于 11 呢?"就会有多种结论，比如 3+8=11，2+9=11，0+1=11 等，而这种思维方式就是发散思维的结果。

下面我们来看一个项目：

目的：探讨发散思维训练对创造性个性和创造性思维的影响，探索培养创造力的有效途径。

方法：以 119 名初中一年级学生为被试对象，其中对 62 名(实验班)学生进行发散思维训练，57 名(对照班)学生进行聚合思维训练。

手段：采用托伦斯创造思维测验。

结果：训练前、训练后，实验班和对照班学聚合思维测验、发散思维测验有很大不同。

结论：发散思维训练对提高学生的创造力是有效的。

发散思维之所以能够具有很大的创造性，就是因为它可以使人在遇到问题时使思维迅速而灵活地朝着多个角度、多个层面发散开来，然后从给定的信息中获得多个新颖性的答案。但是，发散思维的创造性又离不开辐合思维，人只有通过思维的辐合才能从对各种答案的分析、比较中选择出其中一种最佳的答案。

纽约里士满区有一所由贝纳特牧师创立的穷人学校——圣·贝纳特学院，半个多世纪以来，这所学校毕业的学生无论贵贱，都有一份职业，并且都生活得非常好。尤其引人注目的是，50年来，该校毕业的学生，在纽约警察局的犯罪记录中是最低的。

一位深感好奇的在美国学习的法学博士花了长达六年的时间对这所学校的学生进行调查。凡是在该校学习和工作过的人，只要能打听到他们的地址或信箱，他都给他们寄去一份调查表，询问他们"圣·贝纳特学院教会了你什么"这个问题。经过一段漫长的等待，他共计收到3756份问卷答案，在所有的这些答案里有74%的回答是"他们知道了一支铅笔有多少种用途"。当法学博士看到这样奇怪的答案时，他决定做进一步的调查研究。

他走访的第一个对象是纽约城里最大的一家皮货商店的老板。这位受访者说："是的，贝纳特牧师教会了我一支铅笔有多少种用途。我入学的第一篇作文就是这个题目。当初，我认为铅笔只有一种用途，那就是写字。谁知铅笔不仅能用来写字，必要时还可用来做尺子画线；还能作为礼品送人以示友爱；还能当成商品出售获取利润；铅笔的铅磨成粉可做润滑剂，演出时可临时用于化妆；削下的木屑可做成装饰画；一支铅笔如果按相等比例锯成若干份，还可以做成一副象棋；铅笔截断可以当作玩具的轮子；在野外遇险时，铅笔抽掉笔芯还能当成吸管喝石缝中的水；在遇到坏人时，削尖的铅笔还能作为自卫的武器……总之，一支铅笔有无数种用途。它让我们这些穷人的孩子明白，有着眼睛、鼻子、耳朵、大脑和手脚的人应该比铅笔有更多"用途"，并且每种用途都足以使我们生存下去。"

这位法学博士后来又采访了问卷中很多人，都得到了类似答案，他受此启发，认识到发散思维的奥秘，于是他决定放弃在美国谋求的律师职位，当即返回自己的祖国捷克开始创业，目前，他已是捷克最大的一家网络公司的总裁。

这个事例充分证明了发散思维一旦引发头脑中的创意"爆点"，找到适宜的条件，人的灵感就有可能变成现实。发散思维的方式是将普通的信息整合起来，从中找到可以引发创意的"捻子"，最终让创意爆发。

有些研究人员通过看一个人能够想出多少种不同的使用曲别针或牙签的方法来衡量人的发散思维创造性，这和贝纳特牧师教他的学生"一支铅笔有多少种用途"是一样的。所以，人要在日常生活中养成发散思维习惯，这会有助于其提升创造力，引发创意，找到有可能实现的创意。

勤于观察，创意不是胡思乱想

很多人感到不解，为什么现今社会上有创造性的人天天会出现，每一天都有令大众惊奇的奇迹，创意究竟到底是怎么一回事，为什么大多数人从未真正"见到"自己头脑中的"创意"。

在世界上，客观事物有着千丝万缕的联系。有的表现为从属关系，有的表现为因果关系，在观察中把反映事物间的那种联系，把在空间或时间上接近的事物，及在性质相似的事物和人们已有的知识经验联系起来，是开发想象力、增强创造性的好方法。不过，需要说明的是，所有的创意并非"胡思乱想"，而是有基础的——人只有勤于观察，以观察为基础，多方面思考，再进行分析和创造，才可能发现创意。而那些天马行空、不着边际，思考无根无据的，是发现不了创意的。

无论是科学原理的发现，还是科技成果的创造，无不是源于在观察中发现了端倪，进而调动大胆的想象，最终点燃创造性的"引擎"。

阿基米德定律大家现在已经习以为常，但对于发现这个定律的阿基米德来说，从无到有的创造性突破并不简单，因为这不是靠单纯绞尽脑汁地冥思苦想，而是归功于他不断从细心的观察中得到的启发。

当时的统治者赫农王让金匠替他做了一顶纯金的王冠，做好后，国王疑心工匠在金冠中掺了银子，但这顶金冠确实与当初交给金匠的纯金一样重，到底工匠在制作中有没有捣鬼呢？国王既想检验真假，又不能破坏王冠，这个问题难倒了他，也使诸大臣们面面相觑。后来，国王将它交给了阿基米德。阿基米德冥思苦想许多天，虽然也想出一些方法，但都失败了。

有一天，他去澡堂洗澡，当他坐进澡盆里，看到盆中水往外溢，同时感到身体被轻轻拖起。他突然恍然大悟，跳出澡盆，连衣服都顾不得穿好就直向王宫奔去，一路大声喊着："我知道了。"原来他想到，如果王冠放入水中后，排出的水量不等于同等重量的金子排出的水量，那肯定是掺了别的金属。

阿基米德发现了浮力，著名的浮力定律出现了，即浸在液体中的物体受到向上的浮力影响，其大小等于物体所排出液体的重量。后来，浮力定律又被命名为阿基米德定律。

这就是勤于观察的结果，因为阿基米德的勤于观察，努力思考，最终解决了王冠是否掺假的问题。

中国有句成语叫"一叶知秋"，讲的是，一片树叶掉了下来，人就会意识到秋天来临了。也就是说，观察到的微不足道的细小事物，会说明一件重大的事情要发生了。这充分说明了勤于观察对人类思维的巨大作用。勤于观察、善于思考的人，常常能够发现别人找不到的机会，获得超出常人的成就。

相传锯子是鲁班发明的，而他的这项发明也是在细心的长期观察中得到的创意灵感。

作为木匠，鲁班经常到山上去寻找木材，一次在路上，他看到工人们一斧头一斧头大汗淋漓地砍着树，觉得他们实在是太辛苦了，于是他就想，能不能发明个什么东西代替斧头，让工人砍树时更省点劲儿呢？但是这个东西应该是什么样子的呢？苦于没有思路，鲁班不知道如何设计出这样一个新工具，但这个念头在他的脑海中一直盘旋着挥之不去。

一天，鲁班又出门上山去，在爬一段比较陡峭的山路时，他滑了一下，急忙伸手抓住路旁的一丛茅草，忽然觉得手指被什么东西划了一下，鲜血渗了出来。他灵光一闪，眼光放到了这些茅草上，鲁班看着茅草，发现它们似乎与其他的茅草不一样。究竟是哪里不一样呢？他细细端详，发现这些小草叶子边缘长着许多锋利的小齿，他用这些密密的小齿在手背上轻轻一划，居然手背上割开了一道口子。鲁班高兴起来，他想到了这些天来自己一直在费神思索找个什么东西代替斧头砍伐树木一事。这么细小的茅草都能将人的皮肉划破，那么按照这样的造型做出来的工具也许能将树木割断。

鲁班兴致一来，忘了疼痛，他仔细观察起茅草来，只见茅草的边缘呈利齿状，叶子边缘规则分布着一排细细的利齿，正是这些利齿把他的手指划破了。鲁班若有所思地站了起来，他想，我何不让铁匠打制一些边上有细齿的铁条，放在树上来回拉动，道理不就像这个茅草割破手指一样吗？如果能行的话，工人用它砍树就比斧头砍伐树木省时省力多了。

根据这一想法，鲁班制成了世上第一批锯条。经过试用，果然比斧头省事多了。按照这个思路，他继续实验，终于设计出了图纸，做出了锯子。到现在，木工们仍在使用着鲁班发明的锯子。

透过现象抓住本质，进行创造发明是观察的目的之一，人类社会之所以能够日新月异地不断发展，达到今天的高科技，社会生产力大大提升，在很大适度上要归功于那些勤于观察和思考的发明者、开拓者。

历史证明，一些敏锐的观察者都具有相当出色的创意和预见能力，并会下功夫去亲自实践——这其中有人失败，有人成功。比如张衡、达·芬奇、爱迪生……这些中外妇孺皆知的发明家，是他们推动了社会的发展，当然，更多的是名不见经传的劳动人民、下层小人物，这些人都值得我们学习和纪念，因为他们在劳动实践中勤于观察而不是胡思乱想，并从观察中一次次地去尝试创造，努力为人类寻求更好地生活、生存方式，从而推动了社会生产力水平的巨大进步。

现今有个词叫"头脑风暴"，即指创造能力的训练法，这种激发性思维，经各国创造学研究者的实践和发展，目的在于使人产生新观念或激发创新设想。

因此，在你进行"头脑风暴"训练的时候，你的经历越丰富，你看到和所感受到的东西就会越多，你的大脑中原有的众多"原材料"会进行不断整合，这样会不断发掘出潜在"火花"，而做到这样，一定要形成勤于观察，仔细观察的习惯。

开启创意之门，
让创造力落地生花

培养创新习惯，吾日三问创新

今天，信息化时代已经到来，大数据每天都在改变着人们的生活，每天都会有诸多的高科技产品和技术手段面世，生活在知识经济时代的人们有必要经常反躬自问自己有没有时代所需要的创新能力，以及自己会不会思考，会不会创造——因为，这些都是新时代要求新时代人的基本能力。而不会思考，不会创新，终将跟不上潮流。古代先贤曾要求人们基本的道德规范是"吾日三省其身"，而新时代对人们的基本要求则是"吾日三问创新"。

创新是人类思维的火花，引爆创新的灵感首先是要养成独立思考的习惯，培养创新精神，这其中的关键是要使创新成为一种内心的自发追求，从而寻找新的创意"火花"。

具有创新精神的人，一定是一个不盲从的人，不随波逐流的人。二战时，英国潜艇艇长托马斯少校在航海时曾发现过一个有趣的现象，即群鸥常集结于海面上的船的上空，目的是争抢船里扔出去的剩余饭菜。有一天，托马斯上校向海面抛撒食物，群鸥瞬间聚集而至。后来，托马斯发现，即使船不抛撒食物，海鸥们发现海面上有船只黑影移动，也会集结于船只附近，尾随盘旋。

一月后，德国潜艇向英军挑战。托马斯上校发出命令，只要发现有海鸥群结飞翔的地方，就立即进攻。结果，英军在海鸥的帮助下，击沉了数十艘德国潜艇。这就是巧妙地运用了海鸥与船的联系，创新性取得突破的典型案例。

创新对每个人都是挑战，"吾日三问创新"是一个很重要的环节，所以，人要养成创新意识，培养自己的创新习惯。

现代社会人才济济，很多企业选人用人都会注意考察和培养人创新的能力，因为只有具备创新精神的人才能有见解、有创意，才能为企业创造效益。

某家日报社每年都要招聘新人，一些大学生的简历做得很美观很好看，笔试的卷面也不错，可是一遇到面试提出的问题就不知所措或者老生常谈，这证明他们步入社会创新意识基本没有形成，创造意识薄弱。

该日报社聘任人员认为，首先要让新进人员了解报社是一个充满创新意识、竞争相当激烈、提倡人人独当一面的新闻媒体，于是他们在岗前培训的两周中，会安排一半的时间请老记者解剖一些重大采访案例，谈创新的重要性，在讲课中对碰到突出问题需要如何变通、怎样独立思考解决等内容也进行了模拟互动。

另外，报社为了培养新员工的创造力，创造有利于激发新员工创新精神的工作氛围，并且能够给新进人员一种心理自由与心理安全的环境，倡导建立畅所欲言的宽松的工作氛围，报社要求新员工进入岗位后，总编、部门主任在工作中不能以权威自居，更不能用条条框框给新员工灌输所谓的权威观念和条条框框，尽可能发挥他们的个性，鼓励他们在版面风格、设计理念、思想创意上有所创新，不拘一格。无疑，这些新员工是幸运的，现在，几位经历过数次"大世面"的主力记者们有一句"很牛"的话："在新闻采访上，只有我们想不到的，没有我们做不到的。"

报社还设有"评报栏"，当日报纸上栏后，总编带头评报，并号召大家仁者见仁，智者见智，尤其是鼓励那些能够迎合时代主旋律的创意稿件。在每周的评报会上，总编、部门主任都将意见归纳整理后进行阐述和讲评。报社的内部办公网上也设有评报栏和讨论栏，这样，几乎每天都可以在上面看到一些辛辣或幽默的文字在碰撞思想的火花。

该报社的这种培养记者创新意识的能力，不仅给报社采集了优秀的新闻作品，也使报社在新闻界内赢得了极好的社会反响，特别是在各种评稿大赛上获得"大丰收"，这可以视为"人才兴报、创新兴报"

理念结出的硕果。

创新意识是社会竞争对人才的必然要求，只有具备创新意识的人才能有想法、有创意创新。而一旦创新意识成为一种习惯，人们就会自发去追求创新，那么，他们的人生和事业一定会有令人惊奇的发展，在成才之路上也会得到多方面的收获和成就。

所以，各行各业都要注重培养人才的创新意识习惯，因为不管是在职场中还是在未来的社会中，创新意识都是新时代人生路上引爆"火花"的引爆器。

注重细节，细节是创新之源

有人说："拘于细节势必妨碍创新。"这话说得不对。反之，注重细节是创新之源。我们都知道一个哲学原理，即量变引起质变。历史上很多创新都是从不起眼的细节开始的，甚至很多创新其实原本就是对一些细节的改进、修订或提升，因此，可以说细节具有创新功能。很多创新很少是开天辟地、凤凰涅槃，往往都是有一个渐进的、逐步完善的过程。

"创新"在当今确实是一个非常耀眼的词。在现今激烈竞争的市场经济条件下，创新越来越成为组织生存的至关重要的因素。一个没有创新的组织是没有竞争力的，迟早会被市场和社会淘汰。所以，想创新，就必须明白细节的重要性，明白持续改进细节的道理。《三国演义》中火烧赤壁的故事就充分体现了细节决定成败的道理。

在赤壁之战前，周瑜由于自己的狂妄和过于自信，事先根本没有考虑到吹东南风这个他认为很小的问题，直到最终才突然悟到他所做决策的失误，当诸葛亮在七星坛上借东风之际，他仍然是半信半疑："隆冬之际，怎得东南风乎?"在这个问题上，周瑜的不注重细节于诸葛亮注重细节形成了强烈反差，最终导致周瑜失败。

再来看看曹操是怎样考虑的。在庞统献"连环计"，铁链锁战船之后，程昱提到提防东吴用火攻。曹操却说："凡用火攻，必籍风力。方今隆冬之际，但有西风北风，安有东风南风耶。"看来曹操考虑还是比较周到的，他考虑到了战船连锁的弊端。然而，在东吴火攻之日，东南风起，他又说："冬至一阳生，来复之时，安的无东南风?何足为怪。"这些只是小细节。然而，诸葛亮正是充分地利用了这一难逢的时机，以小细节成就自己成功，火烧赤壁，造就了最终三足鼎立的局面。

冬季无东南风是常识，但在《三国演义》中偏偏有了东南风。周瑜在醒悟之时气得大吐鲜血，为后来被诸葛亮三气而死的描写也在情理之中了。

冬至之时，东南风和西北风交汇，偶尔东风压倒西风，是必然中的偶然。在日常生活中节气算是最普通的细节了，但是在赤壁大战中，它却演变成了赤壁大战的首要条件。而把这一细节推上了赤壁大战辉煌地位的则是诸葛亮，刘备一方即使在当时是最弱的一方，由于诸葛亮从始至终把握了全局，注重了细节，最终打破了弱不可能赢强的定律。

这便是细节中创新的典型例子。所以，有时候看似微小的一个细节，没准却酝酿着影响巨大的创新。人如果能很好地把握细节，也许就是创新者、发明者。

有这样一个故事：一位母亲教女儿如何烤羊腿。她向女儿讲明了要用哪些调料，诸如大蒜、欧芹和其他香料，然后她拿出羊腿开始切，可是要切开羊腿，并不是件容易的事。

女儿问："妈妈，为什么你要把羊腿切开?"

母亲停了下来，看看羊腿，然后看着女儿说："说实话，我也不知道。你外婆就是这样教我的。"

女儿说："我们给外婆打个电话。"

很快，外婆的电话接通了。

女儿说："外婆，妈妈正在教我怎样烤羊腿，可我有个问题：为什么要将羊腿切开?"

外婆大笑道："喔，因为我们原来用的烤盘不够大!"

故事中的女儿是个有创新思维的人，她不拘于母亲过往程式，能够在细微中发现问题。

许多企业的领导在寻求创新时，不管是在技术层面还是在管理层面，总习惯于贪大求全，很少有"于细微处见精神"的细心和耐心。海尔集团总裁张瑞敏在谈到创新时说："创新不等于高新，创新存在于企业的每一个细节之中。"

海尔集团在细节上创新的案例可谓数不胜数，集团内以员工名字命名的小发明和小创造每年有几十项之多，如"云燕镜子""晓玲扳手""启明焊枪""秀凤冲头"等等，很多小发明、小创新都已在企业的生产、技术等领域中发挥出越来越明显的推动作用。

其实一个真正成功的企业，它的创新总是体现在细微的地方，而对细节创新的积累便是成功。同样，细节的创新也是伟大创新的前提，能够在细节中发现机会、创造机会的人，往往也是创新之人。

创新也需要脚踏实地

在当今互联网的时代，传统企业不仅要和传统竞争对手"较劲"，还要与来自互联网企业对手竞争：一批生于互联网、长于互联网、货真价实、物廉价美的网络品牌产品迅速在市场中崛起，占据了大半壁江山。面对如此境况，传统企业显然已经表现得有些力不从心。

老子曾经说过："天下难事，必做于易；天下大事，必做于细。"自古成功人士都是从细微之处做大做强的。市场中实际上存在着很多重要的信息，只要学会从细节的海洋中发现、挑选有用的信息，创意出新产品就能后发制人。

同样，没有硝烟的商战中细节的保密也很重要，而不重视细节的保密，往往会被别有用心的对手窥探机密，蒙受巨大的损失。

细节因其"小"，往往被人轻视麻痹；因其"细"，也常常使人感到不必注意，然而，很多时候，细节却决定着事情的成败。

　　弗莱明出生在苏格兰的亚尔郡，他的父亲是个勤俭诚实的农夫，生了8个孩子，弗莱明是最小的一个。由于家道中落，他不能完成高等教育，16岁便出来谋生；在20岁那年，他接受了姑母的一笔遗产，才可以继续学业。25岁医学院毕业之后，他便一直从事医学研究工作。1928年，弗莱明在伦敦大学讲解细菌学，无意中发现霉菌有杀菌的作用，这种霉菌在显微镜下看起来像刷子，所以，弗莱明便叫它为"盘尼西林"（Penicillin 的原意是有细毛的）。此后，弗莱明对盘尼西林做了系统的研究，到1938年，盘尼西林正式在病人身上使用。到第二次世界大战，盘尼西林救活过无数人的生命。

　　而弗莱明却是一个脚踏实地的人。他不尚空谈，只知默默无言地工作。即使发明了盘尼西林，仍坚守脚踏实地的工作作风。

　　弗莱明刚工作时，人们并不重视他。他在伦敦圣玛丽医院实验室工作时，许多人当面叫他小弗莱，背后则嘲笑他，给他起了一个外号叫"苏格兰老古董"。

　　有一天，实验室主任赖特爵士主持例行的业务讨论会。一些实验室工作人员口若悬河，滔滔不绝地说着，唯独小弗莱一直沉默不语。赖特爵士转过头来问道："小弗莱，你有什么看法？""做。"小弗莱只说了一个字。他的意思是说，与其这样不着边际地夸夸其谈，不如立即行动，赶快做实验。到了下午五点钟，赖特爵士过来问弗莱明："小弗莱，你现在有什么意见要发表吗？""茶。"原来，喝茶的时间到了。这一天，小弗莱在实验室里就只说了这两个字。

以后，弗莱明独立工作时，注重细心观察、唯细节研究成为他的工作作风。一次，他像往日那样细心地观察培养葡萄球细菌的玻璃罐，突然发现罐里长满了绿色的霉！弗莱明皱了皱眉头。再一看，"奇怪，绿色霉的周围，怎么没有葡萄球细菌呢？难道它能阻止细菌的生长和繁殖？"

细心的弗莱明不放过任何一个可疑的现象，苦苦地思索着。经过他一番研究，最终证实这种绿色霉是杀菌的有效物质。他给这种物质起了个名字：青霉素，即盘尼西林。从此，一种救命的药诞生了。

注重细节的人往往能取得惊人的科学发现，或发明创新出新的科研产品，甚至可以这样说，不管是在科学领域还是在商业较量中，获得成功的关键要素之一就是能否养成良好的"观察细节习惯"。而注重细节中的端倪，往往是研发某个产品的基础，有些发明只是在每个细节中改进一点点，也许最终改进的产品是呈级数的跨越式收获。所以说，成功永远是属于那些有准备的人的，而有准备的人通常又是重视细节的人！

寻找突破口，创新无止境

很多人都想做大事，不愿做小事。但做好小事是做大事的基础。现今拥有相类似产品的企业有很多，比如冰箱厂、彩电厂等，而出新产品的企业却不多。许多企业满足于"差不多"，而对追求精品却有着诸多拒绝的借口。还有一些企业觉得"过得去"就行，满足于产品的保本微利，还有些企业在同类产品泛滥的市场上，没有一件有优势、有特点的产品，只能成为市场中的"跟风者"。一个企业如果没有自己品牌的产品，就不可能在市场中占得一席之地，只能与其他企业"争夺"微利，而市场从来不缺产品，缺的是质优一筹的"爆款产品"。

很多企业产品都想从比比皆是产品的市场中脱颖而出，因此，寻找突破口，在产品上创新非常关键。一个创新产品，必须树立严谨、细致的工作作风，以精益求精的精神，把小事做细，把细节做精，最终才能创新出属于自己独特的"爆款产品"。

作为兴旺绿色能源有限公司生产部部长，冯进仁是一个创新无止境的人，他总爱用"寻找突破口"提醒自己和他领导下的技术团队，他和团队成员时刻留心创新产品中"突破口"，从细微处入手，寻找技术创新的地方。

2003年，兴旺绿色能源有限公司成立，冯进仁作为技术骨干进入公司。在太阳能热水器行业，兴旺是"后来者"，面对竞争已呈白热化的市场，企业要想生存发展，必须在技术上有过人之处。冯进仁重任在肩。

通过细致的市场调查后，冯进仁发现，随着太阳能热水器的普及，水箱漏水问题正成为整个行业的通病，而造成漏水的元凶，正是一个不为人留意的地方——水箱焊缝。由于自来水中含氯离子，焊缝长期浸泡后极易被腐蚀，再加上水箱长期在室外风吹日晒，漏水就成了通病。据冯进仁调查，一般太阳能热水器使用三年后，都会出现不同程度的漏水。

找到症结所在后，冯进仁大胆革新焊接工艺，引进新型焊接设备，改变以前的单面气体保护焊接方法，使用双面气体保护，并不断尝试各种保护气配方。为了能更精确地看到各种保护气配方所产生的效果，冯进仁把焊接保护眼罩扔在一旁，直接通过肉眼观察。结果试验结束后，他连回家的路都看不清楚了。

经过十多次的尝试，焊缝的抗腐蚀性和牢固程度均大大提高。

"我们的产品 2005 年进入市场，五年来基本没有收到有关漏水的投诉。"冯进仁说。冯进仁领导的团队，每次创新都从寻找突破口入手，虽然投入的成本不高，但制造出来的热水器却总比别家的热水器"多一份特色"，如今兴旺太阳能热水器已拥有了 11 项专利，形成 5 大产品系列，国际订单节节攀升。

工作中寻找突破口是产品创新的关键点，许多成功的企业都是在对产品的一些细节全力以赴地改进和创新，他们不认为自己所做的事是简单的小事，相反，认为正是细节出新，构成了企业的"拳头产品"。

海尔集团可谓是响当当的企业，事实上，海尔不管是在产品上的不断研发还是在思维理念上的进一步开放甚至观念上的更新，都从来不放过寻找突破口，寻找突破口成为全集团上下创新的核心理念。

张瑞敏说："企业管理中我信奉这么一句话：每天只抓好一件事等于抓好了一批事，因为每一件事都不是孤立的，抓好了一件事会连带着把周围的一批事都带动起来。"

1997 年，一个《海尔人》的记者在采访刚搬进海尔园一个月的洗衣机公司时，发现三楼女洗手间的卫生纸盒被加了一把锁。他问清洁工为什么这样做。清洁工回答说："员工素质太低，不加锁，纸就被人拿跑了！"

这位记者回来后发表文章《谁来"砸开"这把"锁"》，文章中写道：

这一锁暴露了两方面的问题，一是员工观念、素质亟待提高。上锁，很简单，但这锁能提高员工思想素质吗？卫生纸可以锁，其他问题呢？尤其是产品创新，如果管理者头脑中有一把"锁"：没有把培养人当作长期作战的战略来部署，何谈产品的创新？何谈企业的发展？文章结尾希望管理者能从头脑中"砸开"禁锢自己思路的"锁"！

文章发表后，立刻引起了反响，集团上下开展了一场"千锤重叩砸开这把锁"的大讨论。有人说："洗衣机公司的客观环境得到了改善，主观世界也必须要改善。用锁是改变不了员工的主观世界的。锁，不仅解决不了问题，还会使员工产生逆反心理，结果只能适得其反。"有人说："卫生纸盒加锁锁住了观念，锁住了员工思想素质再提高的契机，就更别说提高员工创造性和能动性了。"

集团通过此事大抓素质教育，让所有员工参与讨论，反思一下自身的素质状况：生活中的锁打开了，头脑中的"锁"打开了吗？

海尔这场轰轰烈烈的讨论不仅在企业中反响巨大，也引起了社会的关注和热议，并以小见大，以小带大，上至中高层管理者，下到基层员工，最终大家统一思想，认为应先砸掉头脑中的"锁"，真正调动起主观能动性和创造性。

海尔的这种做法充分说明了对细节对小事的重视。任何细节、小事都不是孤立的，都可以和大事联系在一起，社会上许多"爆点"的创意首先来源于观念的改变和寻找创意突破口，因为这是最能够有所创新或有所突破的基础和前提。所以，企业或团队或个人必须从观念上重视寻找突破口，任何时候，一个看起来微不足道的小突破口，或者一个毫不起眼的小变化，都能实现工作中的一个大突破，甚至改变企业、团队、个人的命运。所以，人要想有所创新、有所突破，对出现的每一个变化，每一个小事，都要全力以赴地做好。

活学活用所学知识，让知识转化为创造力

俗话说，读万卷书，行万里路，即一个人掌握的信息量大，见过的世面多，容易开启自己的创意之门。当然，一个人拥有很多知识并不代表能成为出色的创新高手，实践也是非常重要的一环，即知识和理论与实践有效结合才是创新的前提。俗话说：理论是实践的基础，实践是理论的表现形式，理论和实践必须相结合，才能"嫁接"出创新成果。

有的人以为理论是包医百病的妙药良方，于是条条理论烂熟于心，但由于不知道活学活用，结果是常把理论挂在嘴上，却一个有创意的想法也提不出，这种人在古代叫"书呆子"，在今天被人戏称为"空头理论家"。

历史上有一则"纸上谈兵"的故事，说的是赵国大将赵奢之子赵括，从小跟父亲学习兵法，熟读兵书，论谈兵布阵，无人能比。由于

他只会夸夸其谈，脱离实际，结果被任命赵国大将之后，长平一战40万赵军全部当了俘虏，赵括自己也被乱箭射死。赵括是真正的理论家，那么他又为什么会在战争中大败呢？

查看历史不难看出，史书对于赵括的记载，除了"理论知识"过人之外，基本无其他"工作经验"方面的描述。赵括没有经过"试用期"就直接"上岗"，最终造成军队惨败。"纸上谈兵"害了赵括，也害了赵军，这罪不在赵括，而在于其管理者——赵王，作为一名领导者、决策者，赵王有着不可推卸的领导责任。

从赵括"纸上谈兵"的事实来看，赵括已经掌握了丰富的理论知识，而他缺少的正是实践经验。如果平时多让赵括做一些日常事务，从中积累工作经验，之后再缓图之，委以重任，或许能将其培养成人才。

一个人，从普通人到有才干，必须经历生活工作的"打磨"，"学历"只是一方面，更重要的是需要进行丰富的社会实践。而赵王没有给赵括搭建实践这一成长平台，使得赵括没有得到过实践的历练，最终导致赵括实践上的失败。

退一步讲，如果赵王真的给赵括搭建了成长实践平台，赵括真的就能成为人才吗？就一定能赢得"市场"的竞争吗？也不一定。因为在"市场"上，能够熟读兵书且将理论联系实际的人才不只赵括一个人，能够取得竞争胜利不仅要将自己的理论联系实际，还要将自身的经验、知识、信息与当前实际情况相结合，产生创新性思维并用以解决面临的问题。创新性思维无论是在古代还是在当今社会，都是衡量人才的一项重要标准，也是推动社会向前发展的原动力。

现实生活中社会中，普通人较多，创新者少。知识是一代代传承的，理论性人才社会需要，创新型人才社会更需要。

不会用理论的科学性指导创新，理论学习必然成为无的放矢的"空把式"。人只有把理论应用于实践，才能创新，才能对社会的发展和进步做出有用的贡献。这样的例子很多，请看下面一位名叫尼古拉的希腊籍电梯维修工创新的故事。

尼古拉对现代科学很感兴趣，他每天下班后到晚饭前，总要花一个小时来攻读核物理学方面的书籍。随着知识的积累增多，一个念头跃入他的脑海。1948年，他提出建立一种新型粒子加速器的计划。这种加速器比当时其他类型的加速器造价更便宜而且更强有力。他把计划递交给美国原子能委员会做试验，又再经改进，这台加速器为美国节省了7 000万美元。尼古拉得到了1万美元的奖励，还被聘请到加州大学放射实验室工作。

尼古拉学习的是理论，但是他将理论应用到实践中，反复琢磨，最终有了创新性成果。一个人，学习理论的目的在于应用实践并于加以升华，而创新突破也需要在实践中检验学到的知识，因而不能流于形式，必须理论与实际相结合，如同天下武功从来没有规定的范式，能够拔得头筹的企业和个人才是赢家。对于传统企业而言，要想在互联网时代成功"逆袭"，除了需要明白自己在不断成长，竞争对手也在不断成长，还要明白，竞争永远是没有终点的战斗。如果只能模仿或跟随别人的产品或者应用别人给你的技术"给别人作嫁衣"，那么即便"嫁衣"做得再好，也是模仿，而只有自己做出独有品牌、做出"爆款产品"，才能说明自己的实力，才能让自己的企业立足于市场，而这些均需要在实践中不断学习理论知识，创新、打造新产品，摆脱"跟风""模仿"的意识。

继承前人经验，开拓创新之路

人类在创新之路上是一路继承一路创新的，而前人有益的经验更是不能忘记，从而为自己的思路打开一片新天地。

提起创新思维，有些人首先会想到突破墨守成规的枷锁，摒弃一切传统经验，打造自己天马行空的"战车"。不过这也不能绝对化，虽说有些传统经验可能是落伍了，但经验无论是否在现实中适用，无论是自己的还是别人的，也是有智慧含量的，尤其不能小看前人的智慧。现今生活中，仍然有很多至今适用的生活经验和技术经验，还有很多让现代人叹为观止用传统工艺制作出的精美文物，经验与创新往往就一步之遥。在创新的路上，多继承，再创新，失败了不可怕，最重要的是要学会多从失败中总结经验，为创新寻找"爆点"。

三只骆驼在沙漠里吃力地行走，它们和主人带领的骆驼群走散了。前面黄沙漫漫，它们只能依赖一只有经验的老骆驼带着走。一会儿，从它们的旁边走来了一只筋疲力尽的骆驼，显然，它也是几天前和骆驼群走散的。三只骆驼中的两只骆驼看不起这只骆驼，不肯带它一起走。但老骆驼开口道："别这样，它也许会对我们有帮助的。"说着热情地招呼那只骆驼，对它说，"虽然你也迷路了，境遇比我们好不到哪去，但是我相信你知道自己走过的哪个方向是错误的，这就足够了。我们一起上路吧，有你的帮助我们一定会找到同伴的。"

结果，在那只骆驼的指点下，这四只迷路的骆驼真的和骆驼群汇合了。

人可以嘲笑别人的失败，但应该清楚自己也绝不是"高人"，真正的"高人"是能从别人的失败中提炼对自己的有用处之处和借鉴之处，这才是最聪明之举。善于总结经验的人，学习力强，懂得从细节、别人身上学习和感悟，并且懂得举一反三。经验代表着过去，学习掌握着将来，而善于汲取经验的人，继承并加以学习，能将知识运用到实践中，最终会取得成功。

阿里巴巴董事局主席兼首席执行官马云在郑州为3000多名年轻人讲述自己的创业经历时，给有志创业者打气："别人失败的创业经历是我们宝贵的创业经验，我们要多学习别人失败的经验。"

马云说："我最快乐的日子是在每月工资89元的时候，那时的我对生活有想法、有梦想、有目标，每天都会为下个月能否涨工资而努力。"马云认为，很多人的失败都是由自大、不汲取他人经验、不努力学习引起的，他告诉年轻的创业者，要多花时间研究他人失败的经验，学习他人失败中的经验教训。

有一个招聘文职人员的真实故事。招聘过程十分简单，就是让每个应聘者讲一则生活、工作中失败的故事。应聘者当中不乏博士、硕士，但老板最终只录用了一位通过自学考试的大专生。

这位大专生讲了这样一则故事。她先前在一家乡镇企业做文秘工作。公司不是很大，只有200多人。老板有一个习惯，每个星期一早上要例行向员工讲一次话。

有一天，原先起草讲话稿的秘书生病了，写稿的任务就交给了另一个同事。那个同事按照老板交代的思路很认真地写了，而且在星期一早上准时把发言稿交到了老板的手上。可谁知，老板念讲稿时，读错了几个字，引起哄堂大笑。老板很生气，便将那个替他起草稿件的人辞了。

那个人离开了，可是这个大专生想，为什么老板会念错字？经打听才知道，老板仅仅只有小学文化程度。为此，她不禁叹息，要是自己的那个同事知道老板的文化情况，在那些难认的字旁注上同音字就好了。因此，她总结出在工作中，要提高自己的工作主动性，对老板的基本情况不了解，这是做文秘工作的大忌，而因此"犯错误"是早晚的事。

招聘的老板听这个大专生讲完后，心灵为之一震，心想一个二十几岁的女孩，能如此客观地分析别人失败的原因并总结经验，这样的一个人潜力应该很大，于是决定录取她。

生活中，知识也好，经验也罢，我们都要认真汲取，除此，周围的每个人也可能成为我们的良师益友，人要善于从别人的失败中学习经验，避免同样的错误发生在自己身上，同时还要多学习他人的先进经验，这样会为自己的成功找方法。创新是学习的过程，只有不断地努力学习，才能寻找出自己的创新思路。

敢想敢做，创新不设限

现今提倡"大众创业、万众创新"。而创客也纷纷加入到创新队伍中来，很多人的创业计划不再是一场梦想，因为许多企业，甚至国家为创客投入了资金并加以扶持，对优秀的产业项目，还鼓励往高新产业上去发展。

俗话说"不怕做不到，就怕没想法"，还有句谚语叫"没人能打败你，只有你自己才是你最强大的敌人"。这都说明一个问题，人若不敢想，没有挑战的勇气，常常自我设限，就会在思想上首先打败自己。

很多人没有目标，也就没有想法，创新也就成为空谈。而有些人有目标，于是不论目标有高有低，有大有小，在实现目标的道路上，经过努力，都能时常爆发出灵感和创意。实现目标需要勇气和毅力，想法和创意同样需要勇气和魄力。敢想是敢做的前提，如果不敢想，创造性就会没有，目标就不可能实现，何谈创新？因此，我们在规划自己的人生目标的时候，前提是要敢于去想象自己的人生目标，然后才是怎样运用思考的技巧和行动的步伐，把目标制定得完美和有成效。

曾经有这样一个故事，或许能给那些还在自己的人生蓝图上徘徊的人带来一些启发：

有两个乡下人外出打工，一个去上海，一个去北京。可在候车厅等车时，却又都改变了主意。因为邻座的人议论说，上海人精明，外地人问路都收费；北京人质朴，见到吃不上饭的人，不仅给馒头，还送衣服。去上海的人想，还是去北京好，挣不到钱也饿不死，幸亏还没上车，不然真的会去错了地方；去北京的人想，还是去上海好，给人带路都能挣钱，还有什么不能挣钱的？幸亏还没上车，不然就失去了致富的机会。于是他们在退票时相遇了。原来想去北京的买了去上海的票，去上海的买了去北京的票。

到北京的人发现，北京果然好，他初到北京一个月，什么都没干，竟然没有饿着。不仅银行大厅里的纯净水可以白喝，大商场里欢迎品尝的点心也可以白吃；而到上海的人发现，上海果然是一个可以致富的城市，因为稍微想想办法、肯于吃苦就可以赚到钱。

凭着乡下人对泥土的感情和认识，去上海的人第二天在城郊之间的田地里装了几包含有砂子和树叶的土，以"花盆土"的名义，向见不到泥土而又爱花的上海人兜售。当天他在城郊间往返了六次，净赚了50元钱。一年后，凭"花盆土"他竟然在大上海拥有了一间小小的门面。此后，他又有了一个新的发现：一些公司的牌子很脏但没人清洗。他立即抓住这一机会办起了一个小型清洗公司。如今他的公司已有150多名打工者，业务也由上海发展到杭州和南京。

一天，他坐火车去北京考察清洗市场。在北京站，一个捡破烂的人向他索要空啤酒瓶。就在他递啤酒瓶时，两人都愣住了，因为五年前，他们曾见过面。

是什么导致了两个人完全不同的结局——就是因为最初的想法。一个是抱着得过且过和不劳而获的态度去"闯荡"，另一个则是抱着一种敢想敢干的态度去"闯荡"，结果两个人去了不同的地方，得到了不同的结果。

一个普通美国青年曾用一枚曲别针换来一所房子。这个青年叫麦克唐纳，他在互联网上得到了一枚特大号的红色曲别针，然后，他将这枚曲别针开始在网上交换起东西来，他在当地的物品交换网站上贴出了广告。

很快，来自英属哥伦比亚的两名妇女用一支鱼形钢笔换走了他的红色曲别针。当晚，他前往西雅图参加了一场舞会，返回时，他顺便去拜访艺术家安妮·罗宾斯。麦克唐纳带着那支鱼形钢笔去的安妮家。没想到，交易顺利达成，鱼形笔换到了一个陶瓷把手。

接下来的交换对象是来自弗吉尼亚州亚历山德里亚市的 35 岁的肖思·斯帕克斯。斯帕克斯给了麦克唐纳一只科尔曼牌的烤炉。斯帕克斯家有两只烤炉，一般情况下用不着这么多，恰巧他的咖啡机把手坏了，于是将目光瞄准了麦克唐纳的陶瓷把手。交易再次达成。麦克唐纳开始意识到物物交换的妙处，因为每次交换后，他拥有的东西的价值就会逐步上升。

麦克唐纳决定继续交易下去。加州潘德领海军陆战队空军基地的一名军官要了这只烤炉，并给了麦克唐纳一个发电机。随后，他用这只发电机换了一个具有多年历史的百威啤酒的啤酒桶。加拿大蒙特利尔市一名电台播音员相中了这只古典酒桶，用一辆旧的雪上汽车交换了酒桶。

加拿大一家雪上汽车杂志愿意为麦克唐纳提供一次花销不菲的旅行，而麦克唐纳将这次旅行的机会转让给了一个魁北克的经理，换取了一辆 1995 年生产的泰龙敞篷车。麦克唐纳随即将敞篷车转手给了一位音乐家，得到了工作室录制唱片的一份合同。麦克唐纳又把这个机会给了凤凰城一名歌手，歌手感激涕零给了他一间房子。

麦克唐纳的成功无疑与他高超的交换技巧有关。然而，用曲别针换房子这种事情，在常人看来是绝对不可想象的，也没有人敢去奢望得到这样的结果，因此也不会为此去想什么办法。而麦克唐纳正是拥有了敢想敢做的意识，居然用一枚别针换到了房子。这虽然看似"不可能"，但因为他敢想敢做，并为之开动脑筋，付出努力，最终就得到了令人惊异的结果。

　　人的可贵之处在于其行动力，如果在思想上自我设限，那么，自己的行动力就会被束缚。有些人敢想不敢做，有些人不敢想，自然也不敢做，这样自我的潜能便得不到发挥。因此，要想释放自己的潜能，敢想还要敢做。

提升创造力，注重方法和"门道"

创新要有冒险精神

俗话说，没有冒险就没有机遇，没有机遇就很难成功。的确，在现实生活中，创新机遇无处不在。创新就像一场搏击，也像是一场冒险，也许更会是一连串的冒险，但没有冒险，人就不会有新的思路，就不会有那么多的发明创造。

哲学家布里丹曾讲过一头驴子的故事：驴子在两堆距离同样远近、外观同样大小、味道同样诱人的干草中间，不知道选吃哪一堆才好，最终因为无法取舍而饿死。

这头驴子实在是自寻苦恼，因为如果驴子想知道哪堆的味道更好一些，每样都去尝试一下不就行了。所以，在人生旅途中，当你面对"保守"和"冒险"的两堆干草时，请快速做出你的选择，绝不能犹豫不决，更不能让你的心灵"活活饿死"。而如何快速选择，敢于冒险、敢于尝试是关键，也许尝试中吃到的不是新鲜的草，那就再换；也许一次能成功，也许会在尝试的道路上不断修正自己的想法和做法。

人不冒一点风险又怎能把事情办好呢？有风险可能会导致人失败，但如果人能从失败中汲取经验，也许获得的回报将远远比不冒风险做事所取得的回报高得多。瑞典化学家诺贝尔为了完成其科学发明梦想，一生都在死亡的威胁下，冒着生命危险去研究烈性炸药。

诺贝尔的课题是寻找一种既方便又安全的引爆装置。从1862年夏天一直到1866年秋天，他都在冒着生命危险进行着各种各样的实验。

一次，诺贝尔进行雷酸汞引爆硝化甘油实验。他亲手点燃导火索后，心"怦怦"跳动，突然，"轰隆"一声巨响，天崩地裂，炸药爆炸了。实验室里的柜子、桌子都被抛得远远的，玻璃杯、烧杯都被炸得粉碎。许多人闻声赶来，惊慌地叫"爆炸了！""爆炸了，炸药爆炸了。""诺贝尔死了！""诺贝尔死了！"不一会儿，只见诺贝尔从烟雾中爬出来，满身尘土，鲜血淋漓，他用尽全身力量跳了起来，嘴里狂呼："我成功了！我成功了！"他顾不上到医院看伤，马上研究用金属管装上雷酸汞继续试验，最终发明了雷酸汞管，即通常所说的"雷管"。直到今天，炸药、炮弹中都少不了雷管。

诺贝尔研究完雷管，又研究其他危险性实验，每天都在与死神打交道。1864年，诺贝尔的弟弟和许多工人遇难，老父亲因悲伤过度得了半身不遂，周围村民对炸药试验都十分害怕，纷纷向政府控告诺贝尔。但内外交困的诺贝尔没有被压垮，他擦干血迹，埋好弟弟和工人的遗体，又继续进行冒险科研和实验。

正是凭着这种冒险精神，诺贝尔先后发明了烈性炸药、胶体炸药、颗粒状的无烟火药，被人们誉为"炸药大王"。他还建立了"诺贝尔安全炸药托拉斯"，开展对外贸易，不仅把这些先进的炸药推销到欧洲各地，还远销到亚洲、美洲、澳洲和南非去，最终成为一名家财万贯的大富翁。

然而诺贝尔不看重财富，他将自己的一生献给了科学事业，他在逝世前立下遗嘱，将自己的巨额财产的大部分建立一个基金（总数为3300万瑞典克朗），用每年的利息作为奖金，奖励那些在科学、经济学、文学上成就卓越的人以及献身于和平事业的人，以促进人类科学文化事业的发展，这就是诺贝尔奖。

世界上总是要有第一个吃螃蟹的人，要不然，世界上就不会有那么多伟人、著名科学家、企业家和诺贝尔奖获得者了。

人做事情，不论大小，都会冒风险，风险大意味着完成这件事的困难也大，不确定因素也大，保险系数较小。风险小，收获也小。因为有这些主客观原因，冒险导致失败的可能性比较大，因此，人们一般不愿冒险。

还有一些人总担心做事失败，他们会找出很多看似合理的理由来使自己不去冒险，当然，他们最终也一事无成。

日本《调查月报》曾调查了 231 家日本大企业和 527 家风险企业，发现近三年来，日本风险企业的销售额和盈利率都远远超过了大企业的平均增长率。日本大企业年销售额增长率平均是 17%，而风险企业的年平均销售额增长率达 25%，增长幅度是大企业的 2.2 倍；大企业的平均销售盈利率为 5%，而风险企业则达到了 9%，增长幅度为大企业的 1.65 倍。日本风险企业之所以保持了很高的增长率，其基本原因有二：一是这类企业几乎都属于"成长前期"产业，所选择的是富于增长性的市场；二是坚持小批量多品种生产，适应消费者多方面的需求。这些企业的经营战略主要有三点：一是灵活地面对市场，不拘泥于固定的事业领域，发现有希望的新领域就积极开发；二是不仅重视生产技术，更重视新产品的开发技术，三是能主动地积极适应经营环境的变化。

世界上恐怕没有人心甘情愿地去冒风险，因为风险常常会是失败的导火索。风险犹如一座险滩，渡过了这座险滩，就会风平浪静，就会有胜利的机会。但不冒险，就不会有成功的可能，因此，人若想成功，就得有冒险精神！

当然，我们也不能盲目冒险，盲目冒险，除了失败、牺牲，不会有胜利、成功的希望。冒险，要讲究科学规律，要有能预测事情发展未来的头脑，还要做好降低风险的计划，这样才会减少损失，就是失败了，也不会有太大的失望以及损失。成功者、创新者，大多具备冒险精神。

从"冷门"中寻找"热门"

今天的时代，企业如果没有创新的"武器"，仅凭跟风、模仿，很难创造高利润，开拓新局面。

"冷门"和"热门"是我们说的很多的两个词。"冷门"就是指在时下做的人很少，还不是很抢手的行业，而"热门"则正好相反，是炙手可热的行业或领域。其实，选择的是"冷门"还是"热门"的行业与成功与否没有必然的联系。"热门"可以出英才，"冷门"同样可以成就不凡人生。

"冷门"与"热门"并没有绝对的界限，"冷门"可以变"热门"，"热门"同样也可能变"冷门"，关键在于你如何运用自己的智慧将二者进行转化。真正有能力的成功者总是善于把"冷门"变成"热门"，在他们眼里无所谓"冷门"与"热门"之分，因为任何行业都会有其潜在发展的机会，关键在于自己如何去努力和行动。

有两名刚毕业的大学生，其中一个大学时读的是彩色树种植，很多人认为这个专业很"冷门"，彩色树是个新兴产业。这个大学生毕业后能上哪呢？谁知这个大学生的选择却出人意料，从学校毕业后直接回到浙江老家，承包了一个苗圃，扦插、嫁接，甚至组织人员进行大规模的彩色树种植，还引进了像日本红枫、美国红枫、黑橡胶树等进口彩色树，结果效益惊人。

彩色树在园林绿化中起着"画龙点睛"的作用。许多大城市的城市绿化以及住宅小区的绿化都缺不了它，甚至私家庭院对彩色树的需求也逐年上升。由于彩色树需求量"扶摇"直上，这名大学生创业两年，资产已达数百万元。

另外一个大学生，读的是计算机应用专业，很热门，但求职时经历了种种艰难。正沮丧时，住在同一小区的张先生前来为自己的小狗求偶，希望能与他家的那只雄小狗结成伴侣，共育佳犬。为此，张先生宁愿倒贴"彩礼"2000元。这件事让这个大学生灵机一动：何不开家宠物配种店，当个动物"红娘"呢？于是他向父母贷款数万元，买回纯种的苏格兰牧羊犬、金毛犬、博美犬等种犬。每配一次种，价格从2000~6000元不等，结果很快就引来了"凤求凰"者。挖到第一桶金后，这个大学生做大宠物店，又开展了寄养、美容、销售宠物食品等，年赚百万元。

上面例子中的两名大学生毕业后所从事的行业也许在常人看来绝对是"冷门"中的"冷门"，然而这两个大学生通过自己的选择，在"冷门"中发现了创意和机会，从而把"冷门"做成了"热门"，成为了行业中的佼佼者。

其实"冷门"行业不一定就比"热门"行业要难做，从某些角度来看"冷门"行业中一样酝酿着大商机，因为"冷门"行业从事的人少，竞争也就会相对没那么激烈，从而更加有利于创业者从中脱颖而出。

蒋定飞是我国著名的民营企业家。最初他看到了民用安全玻璃的巨大商机，准备回家乡开展民用安全玻璃的生产。

此举在蒋定飞的亲属中引起较大反响，并遭到大多数人的反对。他们的理由是：家乡太落后，不利于企业发展；民用安全玻璃在当地无人生产，纯属"冷门"行业。

对此，蒋定飞有自己的看法。他认为家乡嘉兴的落后是暂时的，不久肯定会成为一块经商的热土，自己在这里创业，会得到当地政府和有关部门的更大支持；嘉兴地理位置独特，交通水陆两便，运输成本较低；而民用安全玻璃生产在整个嘉兴市虽处于"冷门"，但缺少竞争者，生产后会有更大的发展前途。

后来的事实证明了他当初的决定是完全正确的。到嘉兴后不久，全县兴起了办企业和招商引资热潮，蒋定飞的企业得到了当地政府的大力扶持，企业发展得顺风顺水，产值和效益年年翻番，很快，"冷门"产业成为"热门"产业。

看到企业的发展，蒋定飞一方面不惜重金购置最先进的设备，另一方面千方百计引进技术人才，准备打造自己的品牌产品。

很快，上千万元的世界顶尖设备陆续运到厂里，一些高级科技人才也被他"挖来"了。他和这些技术人员们一起日夜攻关，终于在8个多月后，一批质地优异、性能良好的民用安全玻璃生产出来了。

蒋定飞成功了，民用安全玻璃知名度一下子大增，订单纷至沓来，产品供不应求。紧接着，他将产品注册了"海山"商标。不久，"海山"牌民用安全玻璃远涉重洋，大举销往国外，澳大利亚、美国、日本等国的一些客商对"海山"牌民用玻璃也情有独钟。

涉足"冷门"是需要很大的勇气，如果当初蒋定飞在亲友的极力反对下，没有勇气把自己的想法付诸实施，那么，他也就不可能取得后来的成功。当然，涉足"冷门"行业的勇气是建立在正确的判断之上的。"冷门"行业虽然可以变"热门"行业，但并不是每个"冷门"行业都能变成"热门"行业，而这其中的判断则需要从事者进行详细的规划和创新的思考。

而"热门"行业，由于竞争者多，倘若产品经不起市场考验，往往就会被其他企业超越。"热门"行业如果经营管理不到位，一样也会失去市场的地位。

社会中，很多创新者，一开始从事的可能不是"热门"行业，是所谓的"冷门"行业，但这些行业的创业者，如果努力，会将"冷门"行业进一步转化成"热门"行业。而这种转化，与创新有很大关系。而创新离不开寻找"爆点"，一两个"爆点"也许能将"冷门变成热门"。

常变常新，基业长青

纵观市场发展，有一些企业花费大量时间、精力和人力跟风模仿，致产品同质化严重，利润低下；有些企业发展脚步缓慢，不敢创新，最终因市场的快速发展而沉沦、消逝；还有一些企业成为了模仿别人产品的"短命鬼"和"山寨"品牌加工厂。但像可口可乐、全聚德这样的中外百年老店始终能以替代产品更新自我的品牌，历经时间的考验，基业长青。他们的产品在市场中得到消费者的认可，在行业中一直挺立，无人能够超越和取代。这是为什么呢？因为常变常新是基业长青的前提。

两个年轻人一起开山，一个人把石块打碎送到路边，卖给建房的人，另一个人直接把石块运到码头，卖给花鸟商人，花鸟商人因为天然的石头是奇形怪状的，给的钱要多得多。三年后，这个人成为村里第一个盖瓦房的人。

后来不许开山了，只许种树，于是山成了果园。每到秋天，满山遍野的鸭梨招来八方客商，村民们把堆积如山的鸭梨成筐的运往北京、上海，然后运往日本、韩国。这里的鸭梨，汁浓肉厚，口味存正无比，就在村里人为自己的鸭梨带来的小康日子欢呼跳跃的时候，曾经因为卖石头而第一个盖瓦房的那个人，却卖掉了他的梨树开始种柳树。因为他发现，来这里的客商不愁挑不到好鸭梨，只愁买不到盛梨子的筐。五年后，他成为村里第一个在城里买房子的人。

后来一条铁路从村旁贯穿南北，这个村的人坐火车可以北到北京南抵九龙。村子对外开放，村民们也从单一的卖鸭梨开始转而谈论果品加工及市场开发。就在有一些人开始集资办厂的时候，那个卖石头的人开始在他的地头砌了一垛3米高百米长的大墙。这垛墙面向铁路，背依翠柳，两旁是一望无际的万亩梨园。坐火车经过这的人，在欣赏盛开的梨花时，会突然看见四个大字：可口可乐。据说这是五百里川中唯一的一个广告。这垛墙的主人后凭这垛墙每年赚4万元的广告额外收入。

上面故事中的那个挣大钱的青年和其他村民相比仅仅是多了对事情的独特感觉和认识，但就是因为他具有这种常变常新的思维和对事物的独特见解，想法永远比别人快一步，所以他取得了大的成就。他的头脑可以叫商业头脑，因为他的想法永远比别人新，目光永远比别人看得远，胆子永远比别人大，冒险精神让他发了大财。所以，人要想得到别人得不到的东西，就得常变思维，打破头脑中的固定模式。

善出奇者，就能做到别人不能做到的事情，这是因为善出奇者具有超人的思维，这种人不仅思维独特，思想超前，而且还善于打破常规，"以奇制胜"，想法多为其他人想不到的。

而要做到善出奇，头脑中一定要有出新的意识，不仅平时要善动脑筋，观察事物要仔细，而且要有"走出去"的冒险精神。"标新立异"，说说容易，做起来难，因为要说他人没有说过的话，做他人不敢做和没有做过的事，要承担失败和冒险带来的后果。

现代社会竞争日益激烈，灵活的思维方式和机智的头脑是抢得先机的必要条件。人做任何事情，都不能"画地为牢"，墨守成规；要学会创意出击，"爆款"制胜。如果一个人的思维和想法永远能比别人快一步，哪怕是微小的半步，也能占领制高点，成为人生赢家。

具备与众不同的想法，才能有与众不同的收获。想一想，万绿丛中的一点红，那红不就格外地突出和娇艳吗？

随时捕捉创新的灵感

人类从原始社会一步步走到今天，从最初的一无所有到现在商品琳琅满目，物品一件件被发明和生产出来，这个过程的发展离不开两个字：创新。

所谓创新，就是用人的想象力和实际行动来创造生活中所需要的一切，比如，一个低收入家庭制定了一个逐步让自家过上富裕生活的计划，并且通过努力最终使得自己的家庭状况完全改变，这就有创新的成分在里面；还有某人将某处的不毛之地开拓成了一片住宅区，这个过程中也包含有其创新思路。简而言之，创新就是进行独一无二的行动。

拿破仑·希尔曾说过：创新就是力量、自由以及事业成功的源泉；前苏联教育家霍姆林斯基也认为：创新是生活中最大的乐趣，人的成功来自于创新。所以，一个人如果在生活中、工作中能够有所创新，那么他的生活、工作一定会充满乐趣，而一个人如果在事业上能够有所创新，那么事业必然是蒸蒸日上。

在美国伊利诺伊州的哈佛镇，有群孩子经常利用课余时间到火车上卖爆米花。有一个10岁的小男孩也加入了这一行列。他因为往爆米花里掺入了奶油和盐，使其味道更加可口。

当然，他的爆米花比其他任何小孩都卖得好———因为他懂得如何比别人做得更好，"创新"使他赚钱赚得别的小孩多。

当一场大雪封住了几列满载乘客的火车时，这个小男孩赶制了许多三明治拿到火车上去卖。虽然他的三明治做得并不怎么样，但还是被饥饿的乘客抢购一空———因为他懂得如何比别人做得更早，抢占先机使他成功。

当夏季来临时，小男孩又设计出一种肩上能挎的半月形的箱子，他在边上刻出一些小洞，刚好能堆放蛋卷，在中间的小空间里放上冰淇淋。结果，他这种新鲜的蛋卷冰淇淋备受乘客的欢迎。他的生意火爆一时———因为他懂得如何比别人做得更新潮，创新使他成功。

当车站上的生意红火起来后，参与的孩子们越来越多，这个小男孩便在赚了一笔钱后果断地退出了火车上的竞争。

这个小男孩长大后成为一个不凡的人，他就是摩托罗拉公司的创始人保罗·高尔文。

因为高尔文认为自己比别人做得更好、更早、更新，所以他能创优创新、抢占先机。

创新并不是天才们的专利，普通人开动脑筋，同样会找出创新的"点"，当然，发明前人未发明之事，做前人未做过的事，都是大创新。

美国弗吉尼亚州有一个农夫，他出资买下一片农场后，发现自己竟然被人骗了，这片农场简直糟糕到一无是处：既不能种水果、蔬菜，也不能养猪、养鸡，因为这片农场里有让人无法接受的东西，存在大量令人谈之色变的响尾蛇。

在知道沮丧和后悔都没有用时，这个农夫首先考虑到要把这块"破地"的价值利用起来，他开始研究那些响尾蛇。后来他居然做了一项让他周围所有人大跌眼镜的举动——生产响尾蛇罐头。他除了将响尾蛇的肉做成罐头出售，还把从响尾蛇身上取下来的蛇毒卖给各大药厂去做蛇毒的血清，把蛇皮以很高的价钱卖给皮革商做鞋子。几年后，他的生意渐渐发展起来，每年到他农场来参观的人就达到几万人次，他又多了一笔旅游收入，后来那个村子也因此改名为"响尾蛇村"。

创新绝不是发明家、科学家的专利，它实际上深入到了普通人的生活当中，任何一个平凡的人都可以进行创新活动，并且利用创新为大众造福。

那么如何捕捉创新的灵感呢？首先要了解创新的特点。与一般的常规思维相比，创新有以下特点：

首先，具有独创性。创新的特点在于"新"，于是在思路的探索上、思维的方式方法上和思维的结论上，人们都应能够提出"新的"、"独到"的见解，并有新的发现和新的突破，使所作所为具有独创性。

其次，具有灵活性。之所以是创新，就意味着不局限于某种固定的思维模式、程序和方法，它既不同于别人的思维框架，也不同于自己以往的思维框架，而是一种开创性的、灵活多变的思维活动，并伴随有想象、直觉、灵感等非规范性的思维活动，因而，创新具有极大的随机性、灵活性，它能做到因人、因时、因事而异。

再次，具有风险性。历史是从不断的创新中发展而来的，但是，并不是所有的创新都能够成功，我国历史上著名的商鞅变法就以失败告终，但此次变法却青史留名。创新的核心是创新、突破，因此没有成功的经验可借鉴，也没有现成的方法可套用，它是在没有前人思维痕迹的路线上去努力探索。这种情况下的创造成果不能保证每次都能获得成功，有时可能毫无成效，有时可能得出错误的结果，这也说明创新有风险。

了解了创新的以上因素，我们要想捕捉创新的灵感，让创新具有独创性，首先要让自己头脑有创新意识，其次是多学习，多了解感兴趣的事，从各个角度看问题，分析问题，捕捉头脑中的灵感，考证其可行性，最终让灵感成为创新的基础。

先行一步，创新在"快"中体现

在当今商业社会，竞争就是"快鱼吃慢鱼"。比尔·盖茨建立微软公司后，经常告诫他的员工们："现在是互联网时代，不是'大鱼吃小鱼'，而是'快鱼吃慢鱼'。因此你必须比别人快，才能在竞争中赢得机会。"比尔·盖茨成天督促员工们工作，他在时间要求上都非常严格。

比尔·盖茨认为，在现代社会，用头脑去创造商机远比跟在别人后面挣钱要快得多，"谁快谁就赢，谁快谁生存"，这两条自然界的生存法则在现代商战中同样适用。而"快"也意味着有创新的成果出现。

强子毕业于国内一所名牌农业大学。毕业时，他的家人托关系准备将他安排进一家农产品外贸公司，可强子却拒绝了家人的安排，说是要凭自己的能力开创出一番事业来。强子的想法很令家人诧异，原来他想承包土地种植花卉。家人极力阻止，但强子主意已定，家人反对也没有用，强子尽管遭到了家人的冷嘲热讽，但不理这些。

创业之路艰辛而漫长，强子在花卉种植上花了不少心血，花卉长势喜人，可最初销售形势并不乐观。但强子并不着急，依然坚持种好花，每天将花的信息发布到网上。不久，令人惊喜的事发生了，由于县城里的商品房销售火爆，许多搬入县城的人，开始注意起自己的生活品质，打扮起自己的居室来。强子的花卉变得受人欢迎，花卉的生意与日好转。当别人问强子怎么会有这种"先见之明"时，强子笑着说："他当时看到这几年县城里在大力发展商品房，便想到了花卉的市场肯定比较好。"

几年后，当强子赚了人生的第一桶金后，并没有扩大花卉种植规模，反而是搞起了"行道树"的种植。种树比种花更有风险，因为树木成长需要花几年的时间。当家人被强子的做法弄得一头雾水之时，强子却笑着告诉家人说："成不成功等这些树长高了再说。"强子的心血没有白费。没过几年，由于县城里新修了许多马路，急需"行道树"，强子又大大地赚了一笔。强子说："城市的规模肯定要扩大，而扩大城市规模肯定是修路先行，因此'行道树'是必不可少的。"

中国有句俗语："一步赶不上，步步赶不上。"起跑领先一小步，人生就可能领先一大步。因此，在竞争激烈的时代，要想在同辈之间脱颖而出，就要比别人快一步，抢占先机，这样才能赢得成功。

现实生活中人人都想成功，但有些人总是错过成功的机会，这是因为他们的"行动力"被僵化思想阻碍了。僵化思想是个专门阻碍行动力的"贼"，它在阻碍人的行动力时，常常会给你构筑一个"舒适区"，让你不行于事，不敢想不愿冒风险。僵化思想让人不习惯突破，不习惯创新，最终耽误时间，消磨人的创新意识。

所以，人要想创新就要克服僵化思想，要培养自己"争先"的意识，还要提醒自己有"创新"精神，因为时代已进入以创造力和"快"赢得天下的时代。

现在的竞争就是效率的竞争、创造力的竞争，效率是创新的基础，创造力是成功的关键。任何领先的人，都是在这两方面上领先！

不断创新，才能顺应时代

人生中要有创新，才能实现发明、发现的飞跃，创新的动力源于超越前人的理想，有这样的理想，就能拥有不断进取的目标。

人类从茹毛饮血的原始社会进入现代高科技文明的发展历程，就是一个不断超越的过程。无疑，知识面越广，拥有的信息量越多，人生的视野就会更加开阔，超越自我的心理就越强。而不敢超越他人的人，既被自己局限，又跟不上潮流，最终只能被时代抛弃。所以，人只有不断学习，不断进步，不断接受新事物，不断超越自己，紧跟时代的潮流，才能不落伍，不被淘汰，过去那种"一门技术吃一辈子"的老观念在今天已经过时了。

小镇上有一位年近六十的老医生，年轻时医术也曾经远近闻名。但后来人们发现自从他离开镇上的医院、独自开诊所以后，诊病下药一贯奉行传统的老法子，从医多年毫无进取创新，明明应该去买些新发明的医疗器械及新出现的特效药品，但他舍不得花钱，也不肯稍微花些时间去学习新的医学研究成果，更不肯费心去实验最新的临床疗法。他所使用的诊疗法，显效迟缓；他所开的药方，都是不易立即见效的。而在他的诊疗所附近有一家新开诊所，诊所的主人是一位年轻的医生，他所用的器械都是最新的，开出来的药方都是见效快的；他所读的都是最新出版的医学书报，同时他诊所的陈设新颖舒适，病人进去都很满意。许多原本在老医生那里看病的病人，渐渐都跑到那位年轻医生那里去了。等到老医生发现这个情形，已经晚了。"不进步"使老医生的诊所后来再也无病人问津了。

可见，一个不学习、没有危机感、不能与时俱进的人，终会被时代淘汰。人一旦墨守成规，只会使自己丧失前进的动力，久而久之甚至会不如从前的自己。所以，无论如何人都不能放松对自己的要求，不能像上面故事里的那个老医生。事实证明，不断进步是现代社会对人最基本的要求之一。

有梦想，敢于超越的人是胸怀大志的，这些人最显著的特征就是他们善于学习，勇于超越自我，不断寻求新的天地。

霍金超越自我，成了一代科学巨匠；乔布斯超越自我，创造了苹果给予用户的完美体验；科研工作者超越自己，取得了科研成果上一个个的突破；企业家超越自我，不断以新的商业模式带给消费者完美的消费体验……这一切超越都源于超越者敢于打破常规、敢于挑战未知、勤奋学习的人生态度，人只有不断学习，才能向自我挑战，向传统挑战，向权威挑战，最终用创意、发明编织前进的梦，以创新的号角奏出时代的最强音。

危机意识引发创新

　　每个人都希望自己的生命中迸发出耀眼的光芒，在这个"创意就是生产力"的时代，点亮这光芒的就是创意的思维和灵感。

　　哈佛大学是被公认的一流大学，该校培养的人才极具创新精神。哈佛的老师经常给学生这样的告诫：如果你想在进入社会后有惊人的爆发力，就要在任何时候、任何场合下都拥有一流的创造力，而创造力的来源只有一个，就是学习、学习、再学习。

　　人的时间和精力都是有限的，要想取得创新性成果，首先要利用业余时间抓紧学习，为自己做出事业打下坚实的基础。社会竞争是残酷的，人才竞争也是日益激烈的，你只要稍一懈怠，就可能被他人超越，因为爱学习和勤奋的人太多了。

　　有的人会这样说："我只是在业余时间放松一下而已，业余时间干吗把自己弄得那么紧张？"是的，人无论生活、工作应有劳有逸，但过于逸不紧张，不抓紧，时间就会一分一秒过去。时代的快速发展由不得人松懈，因为知识的替代率太快了。爱因斯坦曾说："人的差异在于业余时间。"一位在哈佛大学任教的教授也这样说："只要看一个青年怎样度过他的业余时间，就能看出这个青年的前程怎样。"时间对每个人都是公平的，时间像一条河，只向前，不后退。

20 世纪初，在数学界有这样一道难题，那就是 2 的 76 次方减去 1 的结果是不是人们所猜想的质数。很多科学家都在努力地攻克这一数学难关，但结果并不如愿。1903 年，在纽约的数学学会上，一位叫作科尔的科学家通过令人信服的运算论证，成功地解开了这道难题。

人们在惊诧和赞许之余，向科尔问道："您论证这个课题一共花了多少时间？"科尔回答："3 年时间，包括全部的星期天。"

加拿大医学教育家奥斯勒同样也是利用业余时间做出成就的典范。奥斯勒对人类最大的贡献，就是成功地研究了第三种血细胞。他为了从繁忙的工作中挤出时间读书，规定自己在睡觉之前必须读 15 分钟的书。每天不管忙到多晚，他都坚持这一习惯不曾改变。这个习惯他整整坚持了半个世纪，他共读了 1000 多本书，最终取得了令人瞩目的成就。

有竞争就会有对手，而竞争也总是伴随着危机。人若觉得自己没有对手，那就不会进步；人若觉得没有危机存在，就会落后。所以，无论是企业管理者还是企业员工，都要让自己处在危机之中，竞争已经成为一场不进则退、永无止境的竞赛，人只有拥有创造力才会永立潮头。

有些人在总结职场失败以及企业衰败的原因后，发现了一个共同点，即失败并非突然而至。事实是，在这些人和企业表面上占据优势、实则停滞不前的时候，危机就已经潜藏其中了，因为这些人和企业已经在无形中被那些有非凡创新能力的人或新兴企业超越了、代替了。

科学家曾经做过一个有名的"青蛙试验"：先把一只青蛙投入热水锅里，青蛙马上就感到了危险，拼命一跳便出了锅，安全逃生。再把这只青蛙投入到冷水锅里，然后慢慢加热，青蛙开始时畅快地游来游去，毫无戒备；过一段时间后，锅里的水温度逐渐升高，青蛙感觉到熬不住了，开始想逃生时，却发现为时已晚；最后，一只活蹦乱跳的青蛙就这样葬身在热锅里了。

青蛙没有死在滚烫的热水里，反而死在了冷水加热的锅里，这不能不引起人们的深思。人如果总处在一种安逸的环境中，就会产生懈怠的心理，以为这种安逸的环境可以持久下去。但事实上，生活、工作中许多的因素都会在不知不觉中变化，倘若人对这些量的变化没有给予足够重视的话，等到质变发生时，就会无法适应新的环境，最后只能落得像那只冷水锅里的青蛙一样的下场。

"青蛙试验"告诉我们：无论是个人还是企业，要想在激烈的竞争中保持优势，延续良好的发展趋势，都需要树立危机意识，同时更要珍惜时间，争分夺秒地抓紧时间发挥自己的创造力，否则，等到突如其来的新变化到来时，一定会手足无措、措手不及。

总之，有危机并不可怕，而没有危机意识或缺乏制造新事物的创新能力才是最可怕的。人有危机意识就会有创意的萌发，而创新思维是企业和个人获得快速发展的源源不断的动力，无论是人还是企业，如果想在现代竞争中立足和发展，就一定要保持警醒，不能有丝毫的松懈。只有这样，才能使自己立于不败之地。

打破盲点，
激发创造力

思路宽广，世界就宽广

"不要停止，要继续寻找，直到找到自己想要的东西。"这是乔布斯于 2005 年 6 月在斯坦福大学发表的毕业演说中的一句话，这句话恰如其分地概括了创新的本质，那就是不要停止，不要放弃，直到取得突破性的进展，虽然这其中的过程很艰辛，很漫长，但唯有创新的国度，才是充满希望的热土，唯有创新的民族，才具有强大的生命力。

中国人向来是有智慧的，古代的四大发明曾经让我们引以为豪，现今互联网、高新产业等一批批重大的科研成果惊艳全球，从"点的突破"到系统能力的全面提升，从综合国力到民生发展，创新的巨大画卷波澜壮阔，面向中华民族伟大复兴的未来之门已经在创新的力量下徐徐开启，中国的创新之音越来越激昂，而这一切，无不是凝聚了中国人一代代奋斗的智慧结晶，每一个人在不同岗位都为创新发展贡献着自己的力量。

创新需要能力，但更需要负责到底、责任第一的工作态度。

一艘货轮卸货后返航，在浩渺的茫茫大海上，突然遭遇到前所未有的巨大风暴。汹涌的巨浪和疯狂的暴风一次次席卷着这艘货轮，把货轮一会儿抛到浪尖上，一会儿又甩到浪谷下，时刻都有船翻人亡的危险。惊慌失措的船员和水手们，个个脸色苍白地团团围住老船长，求老船长马上想出一个脱险的办法来。船被飓风吹打得歪过来又歪过去，咆哮的海水"哗哗"地溅到甲板和货轮上。老船长思索后果断地下达命令说："打开所有的货仓，立刻往货仓里灌水！"

几位年轻的船员和水手担忧地说："风暴已这样厉害，浪又这么高，货仓里什么都没装已经够危险了，如果再把货仓里灌满了水，增加了货轮的载重，我们不就更危险吗？"

老船长看了他们一眼后说："大家谁看见过根深体重的树被暴风刮倒吗？"船员和水手们想了想，都摇摇头。老船长说："这样的树是不会被风刮倒的，而被大风刮倒的往往是那些根浅体轻的树。就像人，背负重物的常常不会跌倒，而跌倒的常常是那些身无一物、两手空空的，因为他没有负重，所以也就没有站稳的强大力量。"

船员们半信半疑地打开了所有卸空的货仓，拼命地往货仓里灌水。随着货仓里的水越来越满，暴风虽然依旧那么疯狂，滔天的巨浪虽然依旧那么猛烈，但货轮却渐渐平稳了，像在海水中扎下了坚实而沉稳的根。

责任感让老船长在危急时能做到不慌乱，敢于负责到底。

人们总说人最大的敌人是自己，确实如此，生活中、工作中，总有人让自己捆住自己，还有人只会坐等命运的安排。人唯有做命运的主人，才能改变命运。

小峰大学毕业后被分配到偏远的林区小镇当教师，工资少。看到很多不如自己的人有好工作，小峰越加抱怨命运不公，慢慢地，他不仅对工作没了热情，而且连自己拥有的写作优势也放弃了，整天琢磨着"跳槽"，希望能有机会调换一个好的工作环境，也拿一份优厚的报酬。

两年时间就这样匆匆过去了，小峰的本职工作干得一塌糊涂，写作上也没有什么收获。这期间，他试着联系了几个自己喜欢的单位，但最终没有一个单位接纳他。然而，后来发生的一件微不足道的小事，却改变了他一直想改变命运的想法。

那天学校开运动会，这在文化活动极其贫乏的小镇上无疑是件大事，因而前来观看的人特别多，小小的操场四周很快围出一道密不透风的环形"人墙"。小峰来晚了，站在"人墙"后面，踮起脚也看不到里面热闹的情景。

这时，身旁一个很矮的小男孩吸引了小峰的视线，只见他一趟趟地从不远处搬来砖头，在那厚厚的"人墙"后面，耐心地垒着一个台子，一层又一层，足有半米高。小峰不知道他垒这个台子花了多长时间，但当那个男孩他登上那个自己垒起的台子时，冲小峰粲然一笑，那是成功后的喜悦。刹那间，小峰的心被震了一下——多么简单的道理啊：要想越过密不透风的"人墙"看到精彩的比赛，只需要在脚下多垫些砖头。

从此以后，小峰满怀激情地投入到工作之中，踏踏实实，一步一个脚印。很快，小峰便成了远近闻名的教学骨干，他提出了新的教学理论也取得了不少业内专家的认可，各种令人羡慕的荣誉纷纷落到他的头上。业余时间，他不辍笔耕，把很多数学知识写成科幻故事，发表后竟然得到了不少读者的喜爱，有出版社也开始向他约稿。小峰慢慢觉得，自己的思想被激活了，当他再想问题时，觉得头脑开阔了，自己的世界不再是一潭死水了。后来，有好几家单位邀请小峰去工作，小峰都没答应，他已经爱上了自己的学校。

所以，所谓的逆境有时反而是激发人创造力的种子，激烈的竞争中，唯创新者前进，唯创新者强大，唯创新者胜利。影响一个人的社会因素、人为因素有很多，但要想突破现状、创造出崭新的天地，主要还是取决于自身。

思路宽广，世界就宽广，工作、生活有激情，创造力和创意就会产生。

循规蹈矩是创新最大的阻碍

时代的发展提倡创新，社会的进步需要创新。没有创新，就不可能有今天的高科技带来的各种生活便利；没有创新，人类就不可能有今天的高度文明。但是，在我们的生活中，有一些传统观念非常不利于创新思维的培养。

我们小时候经常接受这种教育："要乖乖地听话，别瞎想那些奇怪的点子，不犯错误才是好孩子。"还有一些家长会这样教育自己孩子："别总是和老师辩论，这样老师对你不会有好印象。"于是，很多人从骨子里就丧失了自己的想象力，拒绝尝试，害怕犯错误，害怕"出格"，认为创新是不安全的，循规蹈矩才是最保险的。其实，这种教育除了有助于"乖宝宝"的培养，同时也扼杀了人的创造力，不难想象，这样的人怎么会、怎么敢"随便想"，怎么敢提出创意？创意对他们来说简直如同炸药包一样危险。

　　循规蹈矩是一种为人之道，但这种为人之道只能培养"顺从"的人。循规蹈矩在现代社会是应摒弃的，因为它无益于创新思维的培养。人要有创造力，就不能循规蹈矩，更不能害怕犯错。孔子说："人非圣贤，孰能无过？"人要想突破旧模式、取得新发展，就不可避免地要打破常规，而在此过程中犯错或失败都是难免的。当然犯错后人会感到很难受，在失败后就更加沮丧了，甚至认为自己不是"干事"的人。但如果人人都这样想、这样做，社会怎么能发展，人类社会怎么能进步？一个人即使犯错或失败，只要总结经验，加以改进，尝试用新的方式继续实验，就有可能获得目标的实现。所以，一个人创新的前提是：不能害怕犯错，要有敢于打破程式化和习惯性思维的勇气，不断地变换看问题的角度和方法，寻找解决问题的正确途径。

　　纵观历史上的创新者，他们都不是在循规蹈矩中迸发出创新的耀眼奇迹的。1805 年，遭到拿破仑大军攻击的奥军和赶来援救的俄军并肩奋战。而在战场的北方，以武力著称的普鲁士收到来自奥、俄双方的邀援，但是，普鲁士的领导者分成亲法和亲奥两派，对国策莫衷一是，尤其是国王腓特烈·威廉三世缺乏决断力，既不回应奥地利的请求，也不明确答复拿破仑的胁迫，一直采取旁观的态度。

　　1805 年 12 月初，奥俄联军在奥斯特里兹（位于维也纳东北方）被拿破仑军击败，最后奥地利屈服，俄国撤军。

1806 年，拿破仑将矛头指向普鲁士。此时的普鲁士国王系腓特烈·威廉三世只好应战。

主战场设在莱茵河与易北河之间，宽 350 公里、呈西北走向的中间地带。

普军方面，虽然国王亲临战场，但是其缺乏统率力与决断力，而且诸将帅的意见也不一致，尤其是和恩路厄侯爵坚持要将主力指向法兰克福方向，为此反复开军事会议，不但消耗了军队的士气，而且丧失了将敌军逼进隘路的时机。

拿破仑在击溃了位于耶那西北方的普军和恩路厄侯爵军后，在一天夜里发动炮兵迫近耶那北方的兰德格拉芬堡高地，想趁着破晓进行猛烈的炮击而一决胜负。然而，该山地非常险峻，无路可循，并且士兵要在黑夜的雨中拖曳着沉重的大炮行走在陌生的土地上，可谓难上加难。尽管拿破仑十万火急地催逼，战斗仍然无法展开，最后部队向拿破仑发出"不可能"的哀号。

"对我而言，没有'不可能'这个词的存在。"拿破仑听到士兵们的哀号后，说出了这一名言。此后，拿破仑决定亲临阵前指挥。他命令 3 万名士兵紧急构筑道路，并以绳捆绑大炮倾力拖引。次日拂晓，普军突遭拿破仑军队猛烈的炮击，一下子就崩溃了。

普鲁士国王腓特烈·威廉三世认为已无胜算，便下令撤退。拿破仑的军队因此取得了胜利。

在此次战役中，拿破仑的胜利与他临机决断、正确部署兵力、确定进攻方案虽然分不开，但在部队发出"不可能"的哀号时，他敢于突破循规蹈矩的思路另辟路径，更是显示了他的英明之处。拿破仑那句"对我而言，没有'不可能'这个词的存在"更是成为了千古名言。

生活中没有什么"不可能"，只要不怕尝试，不怕犯错，敢于向"不可能"挑战，就可以变"不可能"为"可能"。人怕的是不敢尝试、只会循规蹈矩，以及由此引发的"木偶效应"。

法国一家汽车制造公司的老板在对众多应聘者进行面试时，只问了同一个问题：在以往的工作中你犯过多少次错误？在获悉大多数应聘者都是"一贯正确"后，他却把这项工作交给了一个说"犯过多次"错误的"倒霉蛋"，他的理由是——"我不要 20 年没有犯过错误的人。我需要的人才，是犯过无数次错误，但每次都能及时吸取教训、立即改正的人才"。

这个老板并非脑子"进水"，也不是黑白不分、是非不辨，而是因为在他看来，只有循规蹈矩的人才不会犯错误，人没有创新也就不会犯错，但反过来说，也只有有创造力的人才有可能犯错误，人犯了错误，只要及时总结经验，或者转换思路、再行尝试，最终仍可到达目标的彼岸。现代企业需要的是创新者而不是循规蹈矩者，这种观点同"人非圣贤，孰能无过"的中国古训有相类似之处。试想如果企业容不得员工犯错，员工都循规蹈矩，谁还肯冒着风险去开拓创新，又凭什么在竞争日益激烈的市场中研发出新产品，让企业有所发展呢？

有句名言说得好："害怕犯错本身就是最大的错误。"害怕犯错的人实际上就是把自己放在一个安全的环境里面，不想动脑子，不思进取，心态保守，不敢去尝试新事物，让自己像个机器一样听凭他人的指挥。

其实，任何成功的发明和创意，都是通过从错误中积累经验教训得来的。人在创新的过程中会犯错误、走弯路、失败，但同时也拥有了更多成功的可能。而人如果抱着循规蹈矩的观念，想都不敢想，遇困难退缩，将会永远失去成功的机会。

美国很多大企业都非常注重员工在过去工作中"犯错误"的经历，这些企业不但优先录用那些曾经有过"犯错误"经历的人，而且经常鼓励自己的员工在工作中多创新，不要怕犯错、怕失败。一些基业长青的公司，如荷兰飞利浦、德国西门子，都在员工中极力提倡敢于失败的创新精神，给予员工充分的自主权。还有一些企业，提出了更为让人惊奇的用人原则：如果经营管理人员在一年内提不出有创意的设想，不犯"合理的错误"，就要卷铺盖走人。

身处今天的信息社会，面对海量的大数据和高科技，如果总怀着事事保险，"不想不做，不做不错"观念，就不会得到企业的认可，因为企业需要的是有创新力的积极主动的员工，循规蹈矩的人注定是要惨遭淘汰的。一个人如果不具备创新的能力，在今天和未来的社会的挑战中将无法立足，因为循规蹈矩本身就是最大的错误。

主动找方法，在"变通"中化解问题

不要以为创新思维只是锦上添花，其实它还有另一个巨大作用——在变通中化解问题。

每个人在生活和工作中都会碰到一些难题和障碍，此时绝不能怨天尤人、退缩逃避或对自己失去信心，要尽力调动大脑的一切来想办法解决问题。世上的问题千变万化，但不管如何变化、以什么面目出现，总能找到办法化解，而变通无疑是解决问题的上乘之道。

以变通的思维对待出现的问题十分重要，这是一种积极的态度，带着这种态度面对问题，就能客观地认识问题，解决起来也会心态积极。

爱达斯石油公司的总裁总是用下面这个故事教育他的员工：

在法国一个偏僻的小镇，有一个特别灵验的泉，许多人都爱到泉边向上帝祈求出现奇迹。

有一天，一个少了一条腿、拄着拐杖的退伍军人一跛一跛地走过镇上的马路。路边的居民带着同情的口吻说："可怜的人，难道他要去泉边向上帝祈求再有一条腿吗？"

这句话被退伍军人听到了，他转过身对他们说："不，我不是要向上帝祈求有一条新的腿，而是要祈求他教我，在失去一条腿之后，我怎样更好地生活。"

爱达斯石油公司的总裁认为，故事中的退伍军人的可贵之处，就是拥有在接受现实的前提下不断寻找变通之道的信念，而并非异想天开地想要改变现实。

在一个公司中，遭遇困境还能积极上进的员工才是公司的脊梁，因为他们懂得困难是前进中经常出现的，解决困难也是成功的必经之路，而解决困难就是要想办法，想办法去变通才是解决问题的可行之路。所以，任何公司在遇到困境时，积极主动的员工都会以变通的思维模式寻求解决问题的方法，帮助公司进步，而不是坐以待毙。

变通的态度会让人插上想象的翅膀，变通的思维是企业存活和发展的王道，也是员工必备的职场素质。那么，什么是变通呢？

一个小商人在谈到做豆制品生意时说，如果豆子卖得动，就直接卖豆子。如果豆子滞销，我会分几种办法处理这些滞销的豆子：

①腌了，卖豆豉。

②豆豉如果卖不动，加水发酵，改卖酱油。

③做成豆腐，卖豆腐。

④如果豆腐卖不动，加工发酵，改卖臭豆腐。

⑤如果豆腐卖不动，改卖腐乳。

⑥如果豆腐不小心做硬了，改卖豆腐干。

⑦如果豆腐不小心做稀了，改卖豆腐花。

⑧如果豆腐实在太稀了，改卖豆浆。

⑨让豆子发芽，改卖豆芽。

⑩豆芽长大后，改卖豆苗。

⑪如果豆苗还卖不动，再让它长大点，当盆栽卖，命名为"豆蔻年华"。

⑫如果还卖不动，赶紧找块地，把豆苗种下去，灌溉、施肥、除草，三个月后长出豆子，再拿去卖。如此循环，即使没赚到钱，相信保本不成问题。

这个小商人的生意经可谓是大道至简，是灵活变通典型的例子，从豆子到豆腐，从豆芽到豆苗……在不断变化中寻找做生意成功的方法，尽可能避免危机。

美国总统罗斯福说过一句很有哲理的话："克服困难的办法就是找办法，而且只要去找，就一定会有办法。"而他所说的"找办法"，就是变通。变通，会使矛盾解决，会帮助人找到解决问题的思路。有时变通的结果，只是一个"小火苗"，但只要"点燃"那个"火苗"，也许一切问题就迎刃而解了。

一个人懂得变通，就能使难成之事圆满解决；一个企业懂得变通，就会不断克服困难，发展进步。

创造力是人的巨大财富

哈佛大学第 21 任校长艾略特认为，一所好的学校培养出来的学生，首先是具有思考能力和创新能力的人。他说："人类的希望取决于那些知识先驱者的思维，他们所思考的事情可能超过一般人几年、几代甚至几个世纪。"

的确，创新是人类特有的认识能力和实践能力，是人类主观能动性的高级表现形式，是推动民族进步和社会发展的不竭动力。创造力是未来人才的必备素质，没有创造力的人只能是社会的"跟从者"。

微软最年轻的经理李万钧，1998 年计算机专业本科毕业时，放弃了考研和出国，选择进入了名气很大又对他有吸引力的软件行业的"老大"——微软公司，作为走向社会的第一步。6 年之后，回头看他当时的选择，丝毫不逊于考研或出国：工作两年后，年仅 24 岁的他就被提拔为微软历史上最年轻的中层经理，2002 年他更因在上海技术中心出色的工作表现而调任美国总部任高级财务分析。

初进微软时，李万钧虽只是技术支持中心一名普通的工程师，但他非常想干好毕业后的这第一份工作。当时经理考核他的标准是每个月完成了多少任务，解决了多少客户的问题，花了多少时间在客户身上，这些都记录在公司的报表系统每月给他开出的"成绩单"上。每月得到这个"成绩单"时，李万钧才会知道自己上个月做得怎么样，在整个队伍里处于什么样的水平。后来他想，如果可以比较快地得到"成绩单"报表，从数据库内部推进到每天都有一个报表，从经理的角度看，岂不是可以更好地调配和督促员工？而从员工的角度看，岂不是会更快地得到反馈、看到进步？与此同时，他还了解到现行的月报表系统有另外一些缺陷：当时上海技术支持中心只有三四十人，如果遇到新产品发布等情况导致业务量突然增大，或者有一两个员工请病假，很多工作就会被耽误甚至被客户投诉。这些问题都让李万钧觉得中心要有反应速度更快的报表系统，而当时使用的报表系统是从美国微软照搬过来的，微软在美国有 3000 名工程师，即使业务量突然增大或有十来名员工请病假也没什么大的影响。意识到这些问题后，李万钧花了一个周末的时间用 ASP——微软服务器上的一种脚本写了一个具有他所期望的基础功能的报表小程序，并在唐骏经过工作区时展示了一下这个小程序。唐骏马上认识到李万钧的想法和他创制小程序的价值，他花了很多时间与李万钧探讨希望能看到哪些数据，鼓励李万钧不断完善他的程序。一个月后，李万钧的"业余作品"——基于 WEB 内部网页的报表投入了实际使用，取代了原来从美国照搬过来的 EXCEL 报表。

李万钧设计的报表在使用中确实达到了预期的激励员工的效果，不过后来这套报表系统所起到的作用还不止于此。从 1999 年到 2000 年，李万钧利用业余时间不断新增报表系统的功能。这套系统的应用范围不断扩大，后来在欧洲也得到了采用。由于在报表系统的研发上所做的出色的创新性工作，2000 年，唐骏将一个重要的升迁机会给了李万钧。

创造力是人的一笔巨大的资产。当一个人具有了创造力，诸多的升迁、发展机会也会随之而来。成功的人都是有非凡创造力的人，他们都具有接纳新思想的开放心态，在情况发生变化的时候会及时调整自己的做法，创造性地解决问题、取得成果，为自己及社会的发展贡献力量，同时也会惠及他人。现今我们欣喜地看到，很多企业在推出一种新的产品或服务的时候，已经同时开始致力于下一代产品的开发研制工作了。成功的公司及其领导者们绝不允许让已有的成功压制创新的动力，他们努力使公司保持一种永不停息的赛跑状态，从而向更高更快的方向前进。

创造力已经成为现今时代的最强音符，创造财富、创造人类美好的未来，靠的正是一代又一代创新者的智慧。世界是变化的，世界上有广阔的未知天地在等待着人们开发，将来还会有很多了不起的发现、发明出现在人类生活中，人们可能还会找到更新、更先进、更文明的生活步调与模式。而人们需要适应的东西有很多，人们需要突破的地方有很多，世界给人们提供了广阔的创新舞台。

敢于质疑权威、挑战权威

有人问，我想创新，想搞出令人受益的发明，想做出"爆款产品"，想在科研上有新的进展，如果在这些过程中遇到"权威"的阻碍怎么办？这时就要有挑战权威的勇气。

权威是在社会生活中靠人们所公认的威望和影响而形成的支配力量。权威依其体现者的不同，分为人物的权威、著作的权威、言论的权威、政党和团体的权威等；依表现权威的社会生活领域和影响范围的不同，又分为政治的、军事的、经济的、理论的、道德的、宗教的、科学的权威等。在现今社会，很多人因为"权威"的"榜样"力量，从来不敢对"权威"有任何质疑，还有些人对"权威"达到了一种盲目迷信或者崇拜的程度。

其实权威不是不可信，但不可以迷信。我们在检查自己的观点正确与否的时候，要多以否定的心态去推敲。以否定之否定的精神去看待权威的观点，这既是对权威的尊重，也是对自己的尊重，更是对事实的尊重。人只有敢于质疑才有可能突破思想中的桎梏，创造出新的奇迹。

1953 年，袁隆平从西南农学院毕业，被分配到位于湘西雪峰山麓的湖南省安江农校教书。最初他研究红薯、西红柿的育种栽培，但当他看到有人饿死在路边时，他意识到只有水稻才是农民的救命粮。

之后，他又经历了 1960 年的大饥荒，这更加坚定了他要为解决人民温饱问题做点什么的决心。

当时，米丘林、李森科的"无性杂交"学说——"无性杂交可以改良品种，创造新品种"的传统论断一直垄断着科学界。袁隆平虽说做了许多试验，但却没有验证这一论断。他开始怀疑"无性杂交"学说的正确性，决定改变研究方向，沿着当时被批判的孟德尔、摩尔根的遗传基因和染色体学说进行探索，研究水稻杂交。

而在当时，作为自花授粉的水稻被认为根本没有杂交优势。"别人都讲我是不务正业，但我不理。"袁隆平埋头于自己的研究，义无反顾地选定了杂交水稻这道科研课题。

1960 年 7 月，盛夏的一天，在安江农校实习农场的稻田中，袁隆平下课后像往常一样挽起裤腿到稻田查看。突然，他发现了一株植株高大、颗粒饱满的水稻"鹤立鸡群"。他如获至宝，马上用布条加以标记，反复观察，并采集花药进行镜检。

第二年，他把收获的种子种下去，结果长出的水稻高的高、矮的矮。"当时我非常失望地坐在田埂上……但我的灵感突然来了：水稻是自花授粉的，不会出现性状分离，所以这一定是个天然杂交种！"

袁隆平马上想到，把雌雄同蕊的水稻雄花用人工去除，授以另一个品种的花粉，就能得到有杂交优势的种子了！但单凭人力不可能大量生产这样的种子，如果专门培育一种雄花退化的水稻，将其和其他的品种混种在一起，用竹竿一赶花粉就落在雌花上了，这样就可以大量生产杂交稻种了！

接下来几年的夏天，每当水稻扬花吐穗的时候，袁隆平都拿着放大镜，顶着烈日在田间苦苦寻觅。1964年7月5日，他在安江农校实习农场的洞庭早籼稻田中找到一株奇异的"天然雄性不育株"，这是国内首次发现该种水稻。经人工授粉，这株水稻结出了数百粒第一代雄性不育材料的种子。

1965年7月，袁隆平又在安江农校附近稻田的南特号、早粳4号、胜利籼等品种中，逐穗检查14000多个稻穗，连同上一年发现的不育株，共计找到6株。经过连续两年春播与翻秋，共有4株繁殖了1~2代。

1966年2月28日，袁隆平发表了论文《水稻的雄性不孕性》，刊登在中国科学院主编的《科学通报》半月刊第17卷第4期上，这是他关于杂交水稻的第一篇论文，可说是直击权威禁区。

后来每当袁隆平回想起之前这一切的时候，他都会深有感触地说："在研究杂交水稻的实践中，我深深地体会到，作为一名科技工作者，要尊重权威但不能迷信权威，要多读书但不能迷信书本，更不能害怕冷嘲热讽，害怕标新立异。如果老是迷信这个迷信那个，害怕这个害怕那个，那永远也创不了新，永远只能跟在别人后面。科技创新既需要仁者的胸怀、智者的头脑，更需要勇者的胆识、志士的坚韧。我们就是要敢想、敢做、敢坚持，相信自己能够依靠科技的力量和自己的本领自主创新，做科技创新的领跑人，这样才会取得成功。"

看看，"权威"是可以质疑的，否定了"权威"有时收获另一种"权威"。但在这过程中，难的是要有挑战权威的勇气。挑战权威，对一般人来说无异于蚂蚁对抗大象，无异于以卵击石。但是，如果你想让你的创新迅速迸发出能量，必须敢于对你有所置疑的一些公认的"权威论断"发出挑战，敢于正面交锋。其实很多公认的"权威"或"真理"是经不起时间考验和事实检验的。比如，名垂青史的伽利略的勇气在于他不迷信书本，敢于向权威挑战，于是历史上有了著名的"比萨斜塔实验"，人类物理学翻开了崭新的一页。哥白尼、布鲁诺同样也因为敢于向当时的宗教权威挑战，即使受到生命的威胁仍然坚持科学真理，他们都是真正的创新勇士。

向权威挑战，强调的是破除迷信权威的心理惯性，而不是不加甄别地盲目去"怀疑一切，否定一切"，创新者要向"权威"中有益的部分学习，并且要尊重事实，尊重创新的规律，但在大胆质疑、谨慎求证时，要保持理性头脑，不被表面现象迷惑。人在挑战权威时，要正视权威，不盲目迷信权威，不随意怀疑权威，保持自己的理智和想法，靠事实说话，靠实验验证，勇于探索，直到收获成果。

思想的"电池"要常充

　　生活中，每个人的社会阅历、文化修养、生活背景、成长环境等差异，都会形成每个人不同的人生观、价值观和世界观，对同样的事物产生不同的看法和见解也是必然的。有高度创造性的人时常会被周围的有些人不理解，甚至被认为"不正常"，这都是正常现象。具有创造性的人，思维可能天马行空，给人的印象常常是不合群的。与平常人相比，他们更喜欢迎接挑战，渴望做出创造性的成就，而不喜欢循规蹈矩的"安全感"。反面的评价或他人的排斥并不能引起这种人的惊慌，即使得不到任何人的支持，他们也不会感到不安，因为他们相信自己，不人云亦云，更不会盲从他人，甚至不会太在意别人的眼光及说法。

　　人要以开放的心态对待与我们见解不同的人，多从不同的见解中吸取正确的意见，得到启示，这对打开自己的思路极有帮助；学习别人的创意，有时会帮助你发现自己思维的盲点。但千万不能苛求别人对自己的设想和创意都认同，也不一定要让别人对自己的设计方案满意或赞不绝口，毕竟，这个世界不会因为他人对你的评价而有变化，只有自己才能点亮自己的人生。

一个人如果太过在意别人的眼光，常常会加重心理负担，甚至会迷失自己。

大学毕业的小李是家里的独生子，在一家外企人力资源部做助理，结果，上班第二天就遇到了一个尴尬的问题。那天，公司副总和人力资源部的主管与他乘坐同一个电梯上楼，小李开始犹豫要不要回过头打招呼，但是他怕自己被同事认为太巴结领导，又担心领导不一定能记住他，还要当着电梯里所有人作自我介绍，于是他下定决心，就当没看见。没想到后来上司让他给副总的秘书送报告，刚巧副总从办公室里出来，也像没看见他一样，目光飘得很远。他开始后悔自己在电梯里的行为，心想副总一定在电梯里看见他了。

没过多久，上司带着小李一起陪着副总和客户吃饭，下了车，小李发现副总手上提着一个大大的电脑包，臂弯上还卷有一件风衣，小李就想，我是不是应该帮他把包和风衣拿过来拎在手上？但他又一想，如果那样做，我不就成了"跟班"的？就在他犹豫的时候，副总已经走到了酒店里边，对方公司的人也刚好迎了出来。双方握手时，小李明显看到副总很别扭，似乎还看了他一眼。他越发紧张起来。

吃饭的时候，小李简直不知所措，因为觉得自己地位低下，根本没有人把他"放在眼里"，所以敬酒这种场面上的事情他选择了沉默。而与对方公司交流、谈天这种事情，他似乎也不知道从哪说起，他的主管事先完全没有对他交代过，于是小李就像空气一样，干坐在一边……

这个故事中，小李的犹豫不决，其实就是因为被有形的、无形的他人的许多看法所左右，比如同事们的以及担心主管副总对他的看法，甚至社会道德和身份观念等也深深影响着他，于是他最后做的反倒不是自己真正想做的事了。

西方哲人说：在这个世界上，1000 个人也许会用 1000 种不同的神情面对我们，难道我们要一一解释吗？一个人不用太在意他人的态度，也不用太顾虑他人心中是怎么想我们的。如果我们纠缠其中，不但要遭受烦恼，而且很多创意的火花可能就此夭折，什么事也无法做成。

所以，要正确看待别人对自己"标新立异"的评价，不可看得太重也不可掩耳不闻。如果你觉得别人说的话有道理就要欣然接受，这样可以增加自己的知识，对萌发创意有帮助。但是如果你觉得别人对你所做所说"指手画脚"，甚至不切实际地加以批评时，或者有些人出言不逊，你也大可不要太往心里去，一笑了之即可，因为你心中首先要对自己有正确的评价，对于别人的话要有选择地去听，不可全盘接受，让自己心生烦恼。

有句话说："20 岁时，我们顾虑别人对我们的想法。40 岁时，我们不理会别人对我们的想法。60 岁时，我们发现别人根本就不会影响到我们。"这并非消极之语，而是说人随着年龄的增长，分辨能力越发增强，自信心也会增强。

大约在公元 1020 年，有个英国人叫奥利弗，他把自己的双臂系上了"鸟翅"，扑腾了 200 多米后坠了下来，结果跌断了双臂和双腿。尽管他身负重伤，但他似乎还很开心，他说是他疏忽了，忘了安上个"鸟尾巴"！不过，康复之后，他再也没试飞过。

虽然大家都觉得奥利弗疯了，但依然有人继续他的行动。公元 1507 年，意大利人约翰·达米恩在苏格兰试飞。他披着用鸡毛制作的翅膀，从斯多林城堡的高墙上纵身一跳，宛如石头下落，断了一条腿。达米恩异常失望，他说："我犯了个错误，我用的是鸡毛，而鸡是不会飞的。要是用鸟毛，我相信是会飞的。"不过，治好了腿之后，他也没再尝试过。

后来，有一位意大利科学家，名叫约翰·鲍勒里，他对飞行之举思索了良久。在 1680 年，他写了一本书，罗列了许多令人信服的数据，证明人的臂膀装上翅膀是绝对不能飞行的，他计算出人的双臂不够强壮，支持不了全身在空中飞翔。

然而，仍然有人无视鲍勒里的警告。1742 年，一个法国人尽管年事已高，却也缚上双翼，企图飞越巴黎的塞纳河。他从河边一座高楼的阳台跳下去，掉进了停泊在岸边的一只船上，摔断了一条腿。

此事立即引发了强烈的社会反响，大家对这个人百般嘲讽。虽然如此，1811年，德国一位裁缝匠也决定一试。他在多瑙河畔造了一座木塔，从塔顶跳下去，"扑通"一声栽进河里，被救起时已是奄奄一息了。

后来怎么样了呢？没有人再尝试飞行了吗？当然不是！

后来飞机被发明了，降落伞也被发明了……

今天，人类的飞行史发生了伟大的革命，人们不仅能上云天，上月球，上火星，而且还可在宇宙中自由地乘飞船飞翔。

所以如果没有那些勇敢的人们不顾别人异样的眼光一次次尝试，一次次在舆论的压力下将自己的设想付诸实施，人类就不会有今天的高度文明了。

人的思想就像电池，但电池需要充电后才能发挥功能。让自己的"思想电池"永远"满格"，这样会不断有创新的火花闪现。

人永远只是他人眼中的一道风景，所以，我们的人生不是为别人而活着，不是为别人而改变自己，而是要用自己的创造力点亮自己的天空。

"走自己的路，让别人去说吧！"我们就用自己的创造力活出自己的人生！

今天"不走"，明天"就要跑"

俗话说：今天"不走"，明天"就要跑"。人只有每天进步一点点，才能"跑得"比别人更快。哪怕进步微小，只要你前进了，就是获得了成绩。因为周围的人每时每刻都在向前"奔跑"，如果你止步不前，你就会远远地被人甩在后面。到那时，纵使你使出浑身解数全力追赶，恐怕也是无济于事。一个人如果今天不进步，明天就要为今天的止步而加倍付出。

古语说：学如逆水行舟，不进则退。这就是说人每天都要让自己有所收获，有所进步，否则，就会被社会和时代所抛弃。

一个人要想有进步，就要做出成绩。要想做出成绩，学习很重要。所以，如果坚持每天至少挤出一小时的时间来学习，就可以比他人多学到很多知识。

当今世界上最大的化学公司——杜邦公司的总裁格劳福特·格林

瓦特，每天都挤出一小时来研究蜂鸟，并用专门的设备给蜂鸟拍照。权威人士把他写的关于蜂鸟的书称为"自然历史丛书中的杰出作品"。

休格·布莱克在进入美国议会前，并未受过高等教育。但他进入国会后深感自己知识贫乏，每天从百忙中挤出一小时到国会图书馆去看书，包括政治、历史、哲学、诗歌等方面的书，数年如一日，就是在议会工作最忙的日子里也从未间断过，后来他成了美国最高法院的法官，并且是最高法院中知识极为渊博的人士之一。

一位名叫尼古拉的希腊籍电梯维修工对现代科学很感兴趣，他每天下班后到晚饭前，总要花一小时时间来攻读核物理学方面的书籍。随着知识积累的增加，一天，一个念头跃入他的脑海。他在1948年提出了建立一种新型粒子加速器的计划，这种加速器比当时其他类型的加速器造价便宜而且更强有力。他把计划递交给美国原子能委员会做试验，经过改进，这台加速器为美国节省了7000万美元。尼古拉得到了1万美元的奖励，还被聘请到加州大学放射实验室工作。

人只要挤时间学习，每天都会有点滴的进步，不仅能让自己的内在潜能得以充分发挥，也能积累出成功的资本。相反，一个人如果不去努力，总原地踏步，那一生都不会有大的成绩。即使天资卓越，最后也不过是个平常人，毫无作为。

美国哈佛大学的教授们非常注重让自己不断进步。有的哈佛教授已经获得了诺贝尔奖，但仍孜孜不倦地学习、工作；有的教授虽已年逾古稀，仍坚持到实验室做研究。所以，作为成长中的年轻人，是没有理由让自己"舒服过一生，享乐过一生"的。

约翰和汤姆是相邻两家的孩子，他俩从小就在一起玩耍。约翰是一个聪明的孩子，学什么都是一点就通，他知道自己的优势，也很为自己感到骄傲。汤姆的脑子没有约翰聪明，尽管他很用功，但成绩常常难以排到前面。因此，与约翰相比，他时常流露出一种自卑。

然而，他的母亲却总是鼓励他："如果你总是以他人的成绩来衡量自己，你终生也不过是一个'追逐者'。奔驰的骏马尽管在开始的时候总是呼啸在前，但最终抵达目的地的，却往往是那些充满耐心和毅力的骆驼。"

就这样，汤姆不再为自己的不足而自卑，而是想方设法让自己不断进步。

慢慢地，聪明的约翰认为自己太聪明，于是懈怠起来。后来他一生业绩平平，没能成就任何一件大事。而自觉很笨的汤姆却从各个方面充实自己，一点点地超越着自我，最终成就了非凡的业绩。

约翰看到汤姆的成绩，愤愤不平，以致郁郁而终。他的灵魂飞到天堂后，质问上帝："我的聪明才智远远超过了汤姆，我应该比他更有成就才是，可是为什么你却让他成为了人间的卓越者呢?"

上帝笑了笑说："可怜的约翰啊，你至死都没能弄明白：我把每个人送到世上时，在他生命的'褡裢'里都放了同样的东西，只不过我把你的聪明放到了'褡裢'的前面，你因为看到或是触摸到了自己的聪明而沾沾自喜，以致误了你的终生。而汤姆的聪明放在了'褡裢'的后面，他因看不到自己的聪明，总是在仰头看着前方，所以，他一生都在不自觉地迈步向前！"

事实确实如此，在人生的道路上，当你停步不前时，有人却在拼命"赶路"。也许当你休息的时候，他还在你的后面向前追赶，但当你再一回望时，已看不到他的身影了，因为，他已经跑到你的前面了，现在需要你来追赶他了。所以，人永远不能停步，要不断向前，不断超越，这样才能使自己永葆信念，最终达到胜利的彼岸。

探索不止，
创新永远在路上

创新比品牌、利润更重要

在今天，很多企业已创立了自己的品牌，利润也有保证，于是这些企业自觉比其他企业更有优势。然而，很多企业的规则和理念在随着日新月异的发展趋势暗暗发生着变化，企业由人构成、由人经营，势必也会被人注入"影响"。很多成功的企业以前成功形成了自有的规章制度和企业文化，但是后期如果没有更新，没有创新，慢慢就会出现系统性的盲点。因此，对成功企业来讲，创新比原有品牌与利润更重要。

长期以来，玩具市场一直被星际大战、芭比娃娃或迪士尼电影的相关产品所垄断。这些产品千篇一律，没有什么新创意，但由于玩具市场缺乏其他品牌，所以一直被这几种占据。

然而美国玩具捕猎公司的产业领导者经市场调研后，准备走另一条路。他们自 2001 年 5 月成立以来，已经募得 300 万美元的资金，吸引了许多厂商前来洽谈合作事项。

美国玩具捕猎公司的策略是避免自己的产品商品化。他们希望能做出有创意,能打动人心,符合顾客需求的玩具。他们认为许多玩具大公司会看到许多有创意的玩具作品,但由于他们不喜欢冒险,因此有创意的作品无法面世。美国玩具捕猎公司以在各地巡回的方式,邀请玩具创作者带着自己的设计产品前来面谈,以搜集散布在各地的玩具创意。他们从500多个应征者中,挑选出100多个参加总部的征选,经过最后的评选,选出不超过10个玩具进行生产,并且是在网站上及零售通路上销售。

这样的做法,是美国其他玩具公司很少尝试的,因为他们认为筛选玩具的过程烦琐复杂。但该公司希望所生产的玩具,可以成为人们童年愉快的记忆。这样的坚持,使美国玩具捕猎公司最终成功。

来自各地的应征者有的是专业的玩具设计师,还有的是家庭主妇,也有的是刚毕业的学生。他们创作出的玩具非常贴近生活,有些是令人惊讶的玩具。例如,有个祖母为了孙子特别制造的书籍娃娃,就曾经吸引了人们的关注。

美国玩具捕猎公司最终脱颖而出,答案是创新。就美国玩具产业而言,产业领导者——以制造芭比娃娃著名的美宁公司,由于其市场占有率达17%,于是他们满足了现状,同时他们因其优势,与其他从业者包括品牌的大公司或者是电影公司合作,确保了他们的收入,因此，不再冒更大风险创制新玩具。他们的做法使得市面上的玩具单一，就像可以大量复制的印刷品或唱片一样。由于已成功的大公司缺乏创新精神，以致做不出更多样化、更吸引人的玩具。

而美国玩具捕猎公司敢于创新，他们坚持做有特色的事，后来，在业界引起了认同及反响，更吸引了其他企业来与之联盟。美国玩具捕猎公司还希望可以鼓励有创意的人才，能够成为他们的玩具销售代理商。

成功的企业，守业是重要问题，但创新仍很重要。不只是玩具产业，任何有品牌、有利润的企业，创新仍是其立足市场的保证，如果就此止步，忽视对创新的重视，那就要注意，因为后面的竞争者正摩拳擦掌，随时准备伺机而入、抢占先机。

品牌是企业的灵魂。但是，没有不断深入的创意支撑，品牌迟早也会被更好的品牌替代。因此，努力创新是关键。

永不放松对创造力的追求

时代在发展，市场在变化，消费者的选择也更加多元化和个性化，如果消费品没有适应消费者的发展策略，新产品的源头很快就会干枯，企业也会没有持续进步的推动力。所以，任何企业、公司为了自身发展，都不敢放松对创新的要求。可以说，任何一个企业，如果没有跟上时代变革的节奏进行相应的改革，就没有发展的潜力和希望，因为没有创新就没有发展。

1999 年，当道勒·夫勒应邀担任美国加州宝兰软件公司的 CEO 时，他的朋友曾经对他说："你是对着一具尸体做人工呼吸。"但 3 年之后，这家公司在夫勒的种种努力下，不但起死回生，营业额还增长了 60%。夫勒是怎么做到的？

这事还得从头说起。

宝兰公司创立于 1983 年，由创办人坎恩一路领军，曾在业界占有一席之地。但是到了 20 世纪 80 年代末期，公司开始出现问题，坎恩选择在办公室应用软件市场上挑战微软，遭到微软猛烈反击。90年代初期，公司还掌握近一半的数据管理软件市场，但是因为与微软的厮杀，公司持续走下坡，后来坎恩在 1995 年离开公司。

之后公司每下愈况，4 年内换了 5 名 CEO，他们全都不是计算机界的人。每个管理团队都有自己的一套拯救公司的策略，但是没有一个成功，反而模糊了公司软件开发的核心事业。即使在 20 世纪 90 年代末期，硅谷的公司个个成为焦点，但是投资人仍然对宝兰缺乏兴趣。

1999 年时，宝兰公司以每季 1000 万美元的速度持续亏损，在银行仅剩 3000 万美元的现金，部分员工开始辞职。市场年营业收入从 1992 年高峰时的 48 亿美元，下降到只有 17 亿美元。

当时公司的董事会想做最后的努力，于是力邀在计算机业界有 20 年经验的夫勒加入，担任公司的 CEO 兼总裁。

夫勒上任一星期后，召集公司所有的高管开会，以了解公司正在研发的产品。他在白板上画了时间表，从那时开始，到 3 年后的每一季，他要求高管把他们负责的下一个及下下一个产品推出的时间填在表中。结果大家最多只能写到 4 个月后，公司高管对 3 年后公司何去何从全然不知。

后来在接受"快速企业"杂志采访时，夫勒回忆当时坐在会议室中的感觉："我根本不想要这份工作！"

夫勒逐渐体会到，公司没有创新的策略，产品的源头也即将干枯，看来这家曾经风光一时的公司，确实即将走到尽头。

面对有如得了绝症的公司，夫勒开始为公司进行各项"手术"，以谋求最后的生机。

"手术"一：立刻为公司的财务止血。

上任半年，夫勒开除了 400 名员工，其中包括 60 名高管。他开始面向社会招聘精英人物，但却无法吸引"新人才"加入。夫勒说："1999 我来到公司时，最令我感到害怕的事情是，公司没有能力吸引好的人才，这件事几乎害死了这家公司。"

后来，他决定去拜访公司的宿敌微软，说服微软以 1 亿美元买下微软产品中使用的宝兰专利技术，并且买下市值 2500 万美元的宝兰股票。谁知微软为了避免另一宗侵权诉讼案，竟答应了夫勒的要求，让他荷包满满地回到公司，宝兰有了重建公司未来的本钱。

有了这一大笔钱，夫勒没敢松懈，他想方设法让公司节流。当时公司中任何超过 2 美元以上的购买行为，都必须经过他亲自签名同意，以杜绝过去财务把关松散所造成的浪费。例如，公司每年编列 10 万美元的经费维护水池，但是事实上，1992 年以后，水池中早已空无一物，编列的预算全都不清不楚地不知去向，于是夫勒把这项费用砍掉了。

"手术"二：找回公司的优势。

夫勒认为，公司必须有能力提供具有竞争力的产品，因此他在公司内大力倡导创新精神。

夫勒曾是苹果公司的副总裁，帮助苹果计算机重振笔记本型计算机市场，并曾自创一家网络公司，之后成功出售，因此，他有着丰富的业界经验。他认为，业界未来的趋势是从计算机走向网络，比较可能成功的公司，是与网络和无线相关的应用产品公司，因此他把重心锁定在发展网络及无线的软件工具上。

夫勒认为，宝兰的基础其实很扎实，有优良的技术及员工，而且产品仍然有固定的忠实顾客群，只要创新，公司就有能力加入未来的市场战局。因此他针对不同产品分别制订短期策略，同时制订一个较长期的策略，以便公司如果真的存活下来，能够依循执行。

此外，他还将公司定位为"软件界的瑞士"，把重心放在为不同系统建造可兼容使用的工具，为顾客提供在使用不同产品时的一块"中立区"，与各大公司间没有"战争"，只有合作机会。

后来业界著名分析师斯耐尔说："宝兰正确找出了未来十年最主要的三个发展趋势：无线、跨平台、供电子商务应用的网络服务，因此能够重振雄风。"

在研发新产品时，夫勒遵守了"一致"的原则，他认为：研发产品，必须有这样三个要素：谁想要买这个产品、为什么他们想要买这个产品、他们愿意支付的价钱是多少。夫勒认为，这些要素都很基本，就像商学院的基础课程，同时也很重要。由于夫勒提供了未来公司清楚的走向，员工们的士气开始振奋。

"手术"三：让员工专注配合。

由于员工在短时间内经历不同的 CEO 来来去去，策略也是忽东忽西，有些员工一开始时认为夫勒又是另一个"短暂"的 CEO，因此只是被动地静待他离开公司。夫勒清楚员工们这种敷衍的心态，采取了实际的动作，让员工们看到未来，鞭策员工们切实执行自己的决策。

在员工大会上，夫勒向 1000 多名员工宣告公司的未来走向，他说："如果你现在的项目不是以网络为主，你最好赶快思考如何能跟网络牵上关系，因为接下来的 3 个月，我会砍掉所有不是以网络为主的东西。"

每天早上五点半，夫勒和财务长及公司顾问开会，共同盘点公司昨天的经营情况，并且拟定当天的议题。早上七点时，他们再在一起和公司 30 名最高级主管开会，规划当天的工作，然后由上至下，看紧各个环节。入主公司的前 9 个月，夫勒每天都工作 14 个小时，对他个人而言，那是一段非常痛苦的日子，但是却让公司逐渐步入了发展的轨道。

2000 年 1 月，在接受"计算机世界"杂志专访时，夫勒表示："真正的关键是执行，这是一把双刃剑，如果不做好分内的工作，就会被淘汰。"他认为，再难的问题，也是靠着专注目标、扎实工作一步一步解决，而努力所带来的绝对是发展。果然数字不会骗人，第一季度公司损失 2500 万美元，第二季度损失 1000 万美元，第三季度损失 100 万美元，夫勒的努力终于有了收获。

"手术"四：重新振奋公司的信心。

1998 年中，宝兰一度将公司的名字改为"英博思"，以和表现不佳的过去决裂，企图重来。但是夫勒接手后，认为公司的旧品牌仍然具有忠实的顾客群，他说："如果我们问，谁知道'英博思'是什么？没有人知道，但是如果我们问，谁知道'宝兰'是什么？很多人都知道。"

为了发挥公司原有品牌的优势，夫勒又正式将公司的名字改回"宝兰"。

杰克·韦尔奇说："不要等到时间太晚或者局面不可收拾时，才想到改革。改革不能头痛医头，脚痛医脚。改革必须深入、全面、不遗余力。"

夫勒正是这样做的，并且成功了。

不断创新是企业的生存之道

一个企业要想长久地生存发展，就必须有自我否定和自我革新的能力，并且不断地消除影响自身发展的负面因素，使企业能够不断地适应外部环境的变化，得到持续不断的更新。

打个简单的比方，成长中的企业首先要学会的是"做加法"和"做乘法"，不断为自身的发展壮大增加筹码。随着企业规模越来越大，结构越来越膨胀，有时整个企业就会变得臃肿不堪，企业原来的思维模式和管理模式虽然造就了发展初期的成功，但是在企业走向成熟期之后，原来的成功模式就有可能成为后续发展的桎梏，这个时候，企业要想获得长久的生命力，就必须善于"做减法"和"做除法"，跳出原有的方式，不断进行自我革新，这样才会消除企业发展过程中负面因素所形成的习惯性盲点，避免企业停止不前，甚至是倒退。很多成功的大企业，都是在发展中继续寻求创新和变革，根据企业的目标和实力检验创新和变革的可行性，评估风险，并把创新、变革当作企业继续前行发展的推动力。

管理专家彼得·德鲁克认为，企业每隔三年左右，就必须对自身业务的方方面面进行一次全方位的严格评估，这点至为关键。他认为企业应当仔细检验自身的产品、流程、技术、市场、分销渠道和员工活动，然后自问：在现有的市场、客户、资源和发展趋势下，企业可否实现既有目标？如果答案是否定的，那就要停止目前的做法，转而寻求变革。

在美国历史上，有一位不为人所熟知的企业家，他也是一位很有效率的决策人，他就是20世纪初美国贝尔电话公司总裁维尔。维尔在担任该公司总裁的近20年中，创造了一个世界上规模最大、成长最快的民营企业。

电话公司是民营企业，在今天的美国人看来，是理所当然的。然而在世界上发达国家的电话系统中，只有贝尔公司经营的北美洲（包括美国和加拿大的魁北克及安大略两省），不是由政府经营。同时，作为一项公共事业，尽管其享有独占地位，而且其原有市场也已饱和，但最能经得起风险且在风险中飞速成长的也只有贝尔公司一个企业。

贝尔公司为何能取得如此成就？彼得斯认为，这绝不是因为幸运，也绝不是由于所谓的"美国人的保守作风"，主要原因在于维尔做出的四项"创新大决策"。

（1）以服务为目的。

一开始，维尔就看清了一个电话公司要想保持其民营形态、自主经营，就必须具有突出而与众不同的形象。因此维尔有了第一个重要观念：贝尔公司虽是民营企业，但是要比任何政府机构都更加关注社会大众的利益，而且表现应更为积极。对此，维尔做了第一个大决策：贝尔电话公司必须做到能预测社会大众的服务需求。

所以，维尔在担任公司总裁后，便提出了"本公司以服务为目的"的口号，使企业在 20 世纪初期立于潮头。

（2）做好公众管制。

维尔认识到，企业应有一个判断管理人员及其工作的尺度，用于衡量服务的程度，而不是衡量盈利的绩效。服务的成果应被定为管理人员的责任。公司高层的职责在于组织及调度资源，力求使公司能提供最佳的服务，并能获得适当的收益。

与此同时，维尔还有另一项新认识：作为全国性的电讯公司，绝不能以传统的"自由企业"形象出现公众面前。换句话说，这个企业绝不能是无拘无束的。他认为要避免政府的收购，唯一的方法就是要做到让"公众管制"，这关系着公司的存亡。

但在当时的美国，"公众管制"虽不是新鲜名词，但维尔在提出这个口号时却没有多大作用，并引起了企业界的反对，法院方面也不支持这一观点，所以"公众管制"没有起到任何效果。

但维尔却决定把促成"公众管制"作为贝尔公司的目标。他将这一目标交付各地区的子公司总经理，责成各子公司努力恢复各管制机构的活力，以期能有公平合理的"公众管制"，确保公众利益，同时又能使贝尔公司顺利经营。由于贝尔公司高层包括下属各子公司的总经理的支持，所以整个公司都在为这一目标而努力。

（3）建立着眼于未来发展的研究所。

维尔先生的第三个重大决策是建立贝尔研究所，使之成为企业界最成功的科学研究机构之一。这一项决策也是以他的独占性民营企业必须自强不息、保持活力的观念为出发点的。在做出这一决策之前，他曾经自问："像贝尔公司这样的民营企业，如何才能永葆其雄厚的竞争力？"当然，他所谓的"竞争力"，并不是通常在有同业竞争情况下的竞争力。但他知道，一个独占性的企业如果缺乏竞争力，就会停滞不前，不能进一步成长和革新，最终失去独占地位。

在维尔看来，一个独占性的企业虽然没有"对手"，但应以"未来"为"对手"。对电讯公司来说，技术最为重要，因为公司有无前途，完全取决于其技术能否时时更新。贝尔研究所就是在这一观念下成立的。事实上，贝尔研究所绝不是企业界所设立的第一个研究机构，但却是第一个有意识着眼于未来发展的研究机构。

贝尔研究所的成立，确实是当时企业界的一个令人惊奇的创新举动。因为贝尔研究所一开始就放弃了防御性的研究，转而对未来进行创新性研究。

现在，维尔的观念已被事实证明是正确的。

贝尔研究所第一步发展的通讯技术，是使整个北美洲成为一个巨无霸的自动通讯网，后来更发展到连维尔本人也没有梦想到的领域中去，例如电视节目的转播，电脑资料的传送，以及最快的通讯技术传输，通讯卫星等等。今天众多的科学和技术的发展，包括对信息处理的数学理论，以及诸如电晶体、电脑逻辑设计等等的新产品及新方法，大部分都应归功于贝尔研究所当初首开先河的举措。

（4）开创资金市场。

在维尔任职的最后阶段中，他又做了第四项大决策。那已是20世纪20年代初了，他开创了一个资金市场。这项大决策，依然是为了确保贝尔公司保持其民营形态。

许多企业之所以被政府接管，大都是由于无法取得其所需的资金。在1860至1920年间，欧洲的许多铁路公司都由政府接管了，主要就是由于这一缘故。英国的煤矿和电力公司，也是因为缺乏推行现代化技术所需要的资金而被收归国有。第一次世界大战后的通货膨胀期间，欧洲大陆的许多电力公司也是由于同样的原因被政府接管。当时各公司在货币贬值的情势下，不能提高电费，结果使不少公司虽有心改善经营，却无力筹措足够的资金。

维尔在做出这一项大决策时，是否已将未来看得如此清楚，我们已无法考证。不过，他确实了解到贝尔公司需要大量资金，而这些资金又不能从当时的资金市场获取。

维尔的构想是发行一种 AT&T（美国电话电报公司）普通股。但他设计的这种股票，与当时的投机性股票完全不同。他的设计着眼于社会大众，尤其是当时新兴的中产阶层的主妇。这些主妇手头有大量的游资，却苦于找不到投资渠道，担不起风险。维尔设计的 AT&T 普通股，既能保证资产增值，又可免受通货膨胀的威胁。

严格说来，这类的投资人群体事实上还没有完全形成。拥有资金购股能力的中产阶层当时才刚刚出现，他们大多仍沿袭传统的习惯，将余钱都存入银行或购买保险，只有那些敢于冒风险者才会投身于投机股票市场。当然，这并不是说维尔"创造"了中层投资者。他只是引导了当时的一些有余钱的主妇成为投资人，动员她们用储蓄投资，这样既能满足她们的理财需求，同时也符合贝尔公司的利益。他的这一设计，使得贝尔公司在近几十年来，一直拥有充裕的资金来源。直至今日，AT&T 普通股仍是美国和加拿大中产阶层投资的对象。

与此同时，维尔还设计了一套简单的实施办法，即股票发行不依赖华尔街，而是由公司本身负责股票的承包商和包销商发行。

维尔的四大创新决策，适时地解决了他所遇到的特殊困难，也符合他所主管的贝尔公司的需要。

持续不断的创新成为贝尔公司的生存之道。

创造力是奠定成功的基石

创新精神现已是企业的一种重要资源，一个企业能否在激烈的竞争中得以生存和发展，它的产品和服务能否跟上时代的要求，首先在于该企业能否及时创新，能否不断创造和更新产品，能否把最新创意融合到产品和生产过程之中以及融合到企业的整个经营与管理工作之中。

新时代的企业，不再置身于传统的大市场之中，而是要依靠自己的创新产品去发现和"创造"自己的市场，并争取在多变的市场结构中去"创造"较大的市场。

很多经济学家认为，未来的产品不再是技术的产物，而应该是创新的产物。也可这样说，产品创新是技术创新，技术创新是创造市场的基本动力。

索尼公司创始人盛田昭夫就及时抓住了技术的创新，最终取得了惊人的成功。

盛田昭夫出生在一个世代以酿造米酒为业的殷实之家，但青年时代的盛田昭夫并没有像家里人所希望的那样继承祖业，而是迷上了物理学。第二次世界大战末期，他结识了比他年长十二岁的井深大，两人遂成莫逆之交。井深大是个富有想象力的技术专家，而盛田昭夫则是一位更具实干精神的开拓者，两人配合十分默契。1945 年他们开始筹建索尼公司，当时，全公司的创办费用只有区区 500 美元。

1946 年，他们建起了几间摇摇欲坠的破工棚。盛田昭夫同井深大把全部家当都搬到了这里。当时，索尼的全部人马只有 20 人，破屋漏雨，员工们不得不经常打着雨伞干活。在这样艰苦的条件下，他们生产了第一批产品——压力锅，总共生产了 100 口，但一口都没有卖掉！无奈之下，他们只好靠给人修理收音机来维持生计。

当时，大部分日本人还不知道什么是录音机。井深大第一次见到它是在美国一个军官的办公室里，它启发了井深大的灵感。于是，井深大与盛田昭夫便把制造录音机作为向电子技术进军的起点。索尼公司极为重视科研工作，把 8% 的资金用于开发新技术。"索尼首创，他人尾随！"这是索尼公司三十多年来的座右铭。

盛田昭夫十分清楚，"不再搞已经有了的东西，要创造新的需求"！正是奉行这个信条，索尼向全世界提供了一代又一代的新电子产品。

　　盛田昭夫宽敞的办公室里摆着各种新奇的设计样品，以致使人怀疑这是否是他的办公室。在一天的工作中，他先同负责研制新产品的工程师交谈，同他们讨论产品商业化的前景。当一位工程师报告科研组里有人认为这种产品还不成熟时，他会说："请告诉我谁持反对意见，我希望和他谈谈。"

　　自从盛田昭夫 1953 年第一次访问西欧以来，他收集资料，加深对国外市场的了解，至 1974 年为止，为了了解索尼公司产品在国外市场的情况，他飞越大西洋达 120 次。1974 年下半年，他的足迹遍及西欧、美国、苏联、巴西等地。他还经常乘坐他的私人飞机到日本的各大城市考察业务。

　　技术创新让索尼公司永远走在了市场前列，而不断创新，不断创造新的产品来赢得并保持市场中的份额，是索尼公司基业长青的秘诀所在。

创新规划对提升创造力很重要

创新仅靠激情是不能完成的，要依据管理学的相关理论，选择创新的突破口进行创新方案设计和计划安排。著名管理学家彼得斯认为，完美的创新设计包括以下三个阶段。

1. 发现问题，确立创新目标

要创新，首先就要有发现问题的意识，这种意识是创新的力量源泉。而发现问题，是指实际状态与期望状态之间的差距，与期望状态相比，实际状态表现为落后、保守或差劣，因而导致人们的不满足感。管理者如果有强烈的改变现状的愿望，有强烈的发现问题的意识，那么，他的头脑在创新意识上就会运转得快而有力，就会想出许多自己意料不到的好主意。领导工作的创新要求管理者必须及时地发现问题，调查研究，实事求是，然后在发现问题的基础上，分析问题，从而确定切实可行的创新目标。

日本的小西六公司是世界上第一个开发自动聚焦相机的企业。此项创新的前提是社长对传统照相机具有强烈的不满足感，即发现了问题。在此基础上，他经过长久的技术论证，提出了把自动聚焦仪装进柯尼卡傻瓜相机的创新目标，并把此目标作为命令下达给技术部门。一开始，技术部门人员认为"不可能"，但社长断然拒绝听取技术部门"没法完成这种不现实的要求"的说法，坚持不放弃自己的指令。在这种形势下，技术部门的全体成员不得不群策群力，集中智慧，最后靠创新取得了成功，开发出了世界上第一架自动聚焦相机。可见，创新目标的确立，是创新过程的第一个阶段。

2. 选择创新的突破口，进行创新规划

在发现问题、确立创新目标的基础上，需要选择创新的突破口。创新突破口的发现有诸多条路，比如从解决员工议论最多、关心最甚、影响最大的问题入手。作为管理者，既要善于综观全局，又要能发现细节问题，还可以从清除工作中的主要"拦路虎"入手。所谓"拦路虎"，即主要矛盾，或者说工作中的中心问题。因为在众多工作中必定有一个对全局起着决定性影响的工作，它的进展直接决定着全局的势态，决定着其他相关问题的性质和解决。

管理者的高明之处就在于能够准确地判断每一时期的中心工作和中心问题，善于抓住主要矛盾，把主要精力放在选择"突破口"上，清除问题，并应一抓到底，抓出成效，使工作朝着既定目标前进。

管理者还可以从关键的环节和部分入手创新。有时,工作上出现的问题显得纷乱如麻,似乎令人一筹莫展,但富有创造性的管理者应冷静地对此进行分析,区分出主要环节和一般环节。虽然有些事看起来并不一定是大事,但却可能是整个工作过程中的创新关键环节,因此着力抓好十分关键。

从问题最多的部门入手也是创新的一种思路。管理者不可能同时对各单位的各种问题面面俱到,而只能讲求效率地抓典型。这也是选择"突破口"的一个方法。

在选择了创新"突破口"之后,就可以着手进行创新规划了,而进行规划就要制订方案。

3. 锁定目标人群,进行创新实践

创新方案实践是在上述两个阶段之后完成的,是创新规划后的具体实施活动,也是创新过程的最后一个阶段。这个阶段不仅仅是管理者个人的活动,也是管理者组织员工、带领员工去进行创新的群体活动。一项创新工作,需要大家齐心协力、合作完成,同时还需要对原有的规划及蓝图进行不断地补充、修正,吸取各种建设性的意见、建议,完善创新实践。召集有各种特长的人员进行团体协作,不仅能弥补个人的不足,还能相互启发,激发新创意的产生。

选择创新突破口应因地制宜,不搞"一刀切",不搞"大而全",这样才会将创新引入正确的轨道上。

提高创造的成功率

创新的理念已被西方的企业奉为企业必备的经营理念之一。美国公司比过去更重视创新产品的成功率。

不过，尽管很多公司对根除自身弱点方面一向卓有成效，但对于减少新产品的失败率却往往束手无策，在过去 25 年里，美国许多公司新产品的失败率一直很高，这使得几乎每个公司都把提高新产品开发效率视为减少开支、提高经济效益的重要手段。直到 1994 年，美国的众多知名公司仍在新产品失败的阴影中吞咽苦果，景况十分惨烈。那么，在创新的过程中，怎样才能减少失败、提高成功率呢？下面的经验对管理者组织技术创新和新产品开发具有借鉴作用。

1. 勤走访客户，多了解需求

不要仅仅因为设计部门喜爱某种新技术就去开发某种新产品，在产品开发过程中，从设想到出厂的每个阶段都应该去征求用户们的意见。

谁都知道一个新产品必须满足客户而不是管理者的需求，可苹果计算机公司就曾吃过这样的亏，他们的"自以为是"使公司付出了沉重的代价。该公司于 1993 年投入两亿美元研发小型黑色办公室用计算机，并把当时已采用过的、深受设计部门青睐的、十分先进的激光驱动软盘融进了设计。但是，这种定价为 1 万美元的计算机在市场上遭到了失败。原因何在？对于一般用户来说，他们宁愿用普通的软盘驱动器，而不愿用激光软盘驱动器，因为后者尽管性能优越，但很难与其他计算机转换。而且，学生们认为该计算机即使在打折后仍价钱太贵，而工程师则喜欢用办公室的计算机工作站工作。业内人士分析，如果该公司在创新时能多听取顾客们的想法并采用较为便捷的技术，这种小型计算机的研发还是可以成功的。可见，在进行产品创新的过程中，时刻牢记用户的需求是最重要的。

2. 制订现实的目标

新产品开发是一项风险很大的工作，稍有不慎便会没有市场，因此创新者必须思维缜密、头脑清晰。假如新产品销售额能达到 2000 万美元，就不要制订 4000 万美元的高指标，因为盲目和冲动的创新并不足取。

为了应对百事可乐公司推出的更甜的配方，可口可乐公司曾推出了新型的可乐配方，他们以为顾客只要接受可口可乐品牌就可以接受新产品，他们认为新可口可乐的销售额将比原计划提高 25%，因此多投入了近 40 万美元广告费。但新可乐推出后，在全美引起了喜欢老配方的人们的强烈反对，销售额只完成了原计划的 80%，使得整个项目亏损 55 万美元，可口可乐公司叫悔不迭，他们因为盲目估计销售额而投入过高的广告费，导致增大了开支，结果却一败涂地。

3. 消除各部门之间的门户之见

将一种新产品从公司的一个部门转到另一个部门，这种做法可能引发失败，因此，从一开始就应让研究、设计、市场和生产制造等部门在一起通力合作。

整个 20 世纪 80 年代，克莱斯勒公司所采用的新产品开发方式就是这种陈旧的分段式开发方式。按照这种旧方式，一个项目将逐一通过研究、设计、生产直到投放市场等环节，致使许多新产品因为某一环节的问题而流产。公司在 20 世纪 80 年代一直依赖于 1981 年设计的 K 型汽车平台过活。90 年代初，面对汽车销售量锐减的局面，克莱斯勒公司终于改变了新产品的开发方式，采用合作的创新研发方式，组成设计、市场调研、市场经营、汽车造型的联合工作组，共同设计和制造新型汽车样车。而用这种办法开发一种新汽车或新卡车可节省 40% 的时间，克莱斯勒公司迅速推出了全美最畅销的轿车——LH 型小轿车。

4. 保持销售环节畅通

新产品必须要有良好的销售方式和销售渠道，假如贸然采用不恰当的渠道分销，一个大有前途的新产品也会毁于一旦。相反，根据库兹马兹斯基咨询公司的研究，如果新产品的经理们能够成功地找到优秀的销售人员和分送系统，他们获得成功的机会就会增加一倍。

年产值 7 亿美元的美国最大的自行车生产商之一——哈菲公司在其混合型运动自行车打入市场前做了充分的准备。这种自行车是将年轻人喜爱的坚固的山地车和轻车架及更灵便的赛车结合起来的产品，市场调查显示该车很受用户喜爱。该车从 1991 年夏季开始投入市场，起初在哈菲公司的老客户、全美最大的连锁店——凯马特批发零售，这种方式让哈菲公司犯了致命的错误，因为设计人员忽视了一个关键信息——该自行车价格比哈菲生产的其他自行车贵 15%，应该请自行车专门商店的有经验的销售人员负责经销。而让像凯马特这样的大众性零售店去销售，违背了精品销售原则。结果，这种混合型运动自行车使哈菲公司损失了 500 万美元，到 1992 年，哈菲公司将这种自行车的产量砍掉了 75%。

5. 观察多次试销的结果

新产品的命运是扑朔迷离的，到底能有几成成功的可能，有时连决策层也难以把握。过去很多公司使用试销的手段来检验新产品的实力。比如看看首次试销是否可能成功，因为顾客出于好奇想尝试一下新产品的样品，但是，切莫被首次成功所蒙蔽，只有多试验几次，才可取得是否对该项产品潜力有所真正了解。

1992年，美国制酒商喜欢上了干啤酒——一种从头到尾无沉淀物的清凉饮料。为了增强对新产品的信心，美国著名的造酒业龙头库尔斯公司于1992年7月和8月先后举办了两次样品试销会，免费来喝干啤酒的顾客络绎不绝，让制酒商心花怒放，于是一举推出460万桶干啤酒。然而到1994年，干啤酒的上市量减至370万桶，比起广告方面4000万美元的开支，收入令人十分不满，原因何在？库尔斯的董事长彼得·库尔斯一言以蔽之："我们被试销的初步胜利冲昏了头脑，当时我们测算干啤酒的消费者占全部啤酒爱好者的12%，可实际上只有2%。"是的，假如库尔斯公司能多试销几次，也许结局不会如此。

6. 多进行失败后的反思

有的企业在多次研发失败后，就放弃了新产品，这也不是有远见的策略，因为这不但会浪费了前期成本，还会打击研发员工的士气，所以切勿这样做，应当严肃地审视究竟哪个环节犯了什么错误，并把所吸取的教训用于下一个产品的研发上。只要能吃一堑、长一智，新产品的成功率自然能获得提高。著名食品公司坎贝尔汤菜公司摆脱了鲜菜色拉和怪味汤失败的阴影，别出心裁地成功开发出罐头汤和调味作料；克莱斯勒吸取了纽约人牌轿车过分狭窄的教训，使得新开发的宽敞舒适的 LH 型轿车成为 1994 年全美最热门汽车；IBM 也从个人计算机产品的失败中反思，经过试验，于 1994 年成功地推出了思考型薄型电脑，这种个人电脑几乎是 IBM 多年来最畅销的产品。

所以，任何公司在创新的过程中都会难免遭遇到失败，只要能从错误中吸取教训，就一定会大大减少失败的损失。任何国家任何企业，只有在当今市场激烈角逐的时代中，了解了失败的原因，才会为未来取得成功奠定基础。

利用各种力量推动创新

当今管理者面临的是一个充满竞争的世界，而这种竞争主要是创造力的竞争。管理者要在竞争中取胜，仅仅依靠自身的力量是不够的，把创新目光局限在公司内部、员工个人身上都是不够的。

老公司要与市场上不断涌现的新对手在创新上竞争，本就不是一件易事，对于瞬息万变的科技界而言，创新任务更是难上加难。然而，美国希捷（Seagate）科技公司坚持五项创新运作原则，最终通过创新让公司不断保持活力，持续领先于其他公司。

20世纪80年代时，美国希捷科技公司是计算机硬盘机制造的业界龙头。1998年时，公司的创办人去世，新任领导者认为，公司的眼界已变得太狭小、发展速度已变得太缓慢，而且公司的组织分得过细，导致工作效率降低，长此以往会从卫冕者落到挑战者的位置。所以，新的管理者提出以五种方法，为公司注入新生命，保持其领先地位。

（1）从客户的客户那里获取新点子。

过去希捷只征询公司最大的 20 名客户的意见，这些公司都是计算机业界的佼佼者，包括戴尔计算机、康柏计算机等。但是新的管理者发现，如此做虽然很好，但仍有不足之处，因为公司比较容易忽略此前不曾接触的全新领域。

公司认为，他们不只应该知道客户的需求，也应知道客户的客户的喜恶动向，如此才能在面对市场需求的急转弯时，不致措手不及。以 MP3 为例，公司的传统桌上型计算机客户，便无法预期到这个市场趋势的潜能。如果要详细了解 MP3，可能需要找来一群学生玩家，了解他们是如何使用这个设备。

希捷的执行副总裁波瑞因·戴斯默表示，从最终端的、真正使用产品的顾客那里收集意见，通常需要花费更多的心力，但却可以从中找出有用的信息。尽管这些意见中有 90% 不适用，但是总有 10% 的建议能对公司的成败产生关键性的影响，让公司走在市场的最前端。

因此，希捷积极拓展非传统的意见收集机会。希捷通常把愿意接纳新想法的工程师与业务员配对，两人一组出外收集顾客的意见。公司之所以在市场调查团队中搭配工程师，是为了让意见收集更实际、更有成效，从一开始就考虑其可行性，以保证创意程度绝对够，而且具有实用性还不浪费资源。

（2）要求研究人员往前看五年。

希捷要求研究人员避免陷入两种极端状态：一种是对现有产品稍加改进的下一代产品，因为公司认为这种产品的创新度不足；另一种则是与现有产品全然不同的未来产品，还不知道做法，真正的完成期限也遥遥无期。希捷这种不过慢也不过快的态度，让其推出的产品大幅领先对手，同时又能被市场接受。

（3）改进供应链，以加快公司发展脚步。

过去，希捷的器材过于专业化，一种新产品需要一整套新机器，以致制造成本居高不下，制造流程存在瓶颈，产品上市频频延迟。后来公司建立了基础的制造平台，可以在一家工厂中，同时制造不同的新产品。

公司还联合主要的供货商，使创新产品抢先上市。过去，公司尽量把价格压到最低，后来则采取奖励式的契约，如果供货商能够帮助公司尽早把产品送上市场，供货商会赚得更多。供应链的改进，为公司推出的新产品争取到了关键性的数周或数月的上市时间。

（4）建立跨专业合作的团队。

希捷企图打破销售、研发、制造部门等传统的分类，让工程师走出公司，直接与客户面对面，让工厂经理走进研发中心，和研究员讨论制造新产品的最佳方法，让各部门把自己的专业拿出来与员工分享，强调团队合作，激发新构思。

（5）压低一些产品的价格，让新市场能够成长。

希捷的管理者认为，有时候新产品价格过高，会阻碍顾客对新产品的兴趣，因此当公司研发出具有市场潜力的新产品时，必须帮助这个市场茁壮成长，这样才能为公司的未来铺路。因此公司组成一支较具开创性的团队，锁定平价的大众市场，每个新产品研发上市，均以较低的利润上市，以便争取尽可能多的市场份额，赢取日后更大的利润。

事实证明，只要广泛利用社会各界的资源，找到适宜的研发营销方法，老公司仍然可以找到适合自己的创新之路。

营造创新的企业文化和环境

彼得斯说："现代管理者进行创新管理的重要环节之一，就是在企业内部营造创新环境。"他在自己的著作中，从三个方面阐述了上述思想：

1. 鼓励员工发扬创新精神

彼得斯指出，大公司里最令人遗憾的一件事，就是当初使得公司得以发展壮大的因素，随着公司的发展壮大而慢慢消失了。这个因素指的是企业的革新精神。很多大公司的革新虽然并没有完全停止，但革新的速度却是每况愈下的。美国国家科学基金会的一项研究发现，每 1 美元的研究与开发费用在小型企业里所产生的革新作用，约为中型企业的 4 倍，大企业的 24 倍。因此，各行业中的重大创新很少是靠本行业中的大企业搞出来的。

但出色的企业也往往是大公司。它们在增长、革新以及与之俱来的财富方面的成就，是令人称羡的。这些公司之所以能够做到这一点，是因为其管理者具有既不失其大同时又能像小公司那样行事的能力。而且，这些出色的公司还鼓励员工发扬创新精神，这表现在公司大幅度地放权，把自主权一直放到基层去：比如达纳公司将权力下放到商店经理，明尼苏达采矿制造公司将权力下放到新事业开拓组，而得克萨斯仪器公司将权力下放到90多个"产品用户中心"。

一位管理者撰文指出："孤掌难鸣的独角戏是很少能唱好的……实业家们往往需要有多位支持者。"许多关于鼓励革新闯将的制度，实则全都归结到一点上，就是首先要有某种形式的革新闯将，再加上某种形式的"保护人"。比如，在通用电气公司许多革新的例子里，除了有"发明家"推动，还要有公司里的实业家的参与，甚至还必须有几位保护创新者免遭官僚主义之害的闯将"后台"。

彼得斯指出，要推动革新，需要一批"角色"。他指出了三种主要角色，即：产品革新闯将、闯将"后台"和"教父"。

（1）产品革新闯将。

这类人也许是不适合干行政管理性工作的，他们对产品研发热心甚至狂热。这类人坚信自己研发的产品一定能成功。

（2）闯将"后台"。

成功的闯将"后台"，无一例外都是革新"闯将"的过来人。他们亲身体验过培育新产品的漫长过程，亲眼见过要拿什么去保护一个有前途的、有实用价值的新主意，使它不致被某种刻板和保守的倾向所埋没。

（3）"教父"。

"教父"一般是一位年事已高的领导者，他起到的是一种鼓励革新"闯将"的样板作用。明尼苏达采矿制造公司、惠普公司、IBM 公司、数字设备公司、得克萨斯仪器公司、麦克唐纳快餐公司和通用电气公司里的许多成功案例表明，"教父"对于产品革新实际所需的漫长过程来说是不可或缺的。比如，明尼苏达采矿制造公司的刘易斯·列尔和雷蒙德·赫佐格等人，通用电气公司的爱迪生和韦尔奇等人，惠普公司的休利特，数字设备公司的奥尔森和 IBM 公司的利尔森，对于促使人们相信锐意改革会取得成功是切实可行和十分重要的。一个年轻的工程师或推销员，有了"样板"的激励，就会不怕困难，锐意改革，甘冒风险，在所不辞，甚至明知肯定会反复遇到失败，他还会坚持努力，直到创新成功。

杰出的管理者重视对革新"闯将"的支持。革新"闯将"们都是开路先锋，可是"枪打出头鸟"，先锋们总是要受到某种攻击的。所以，那些从革新闯将处受益最多的公司里，总是有很全面的、强有力的创新支持体制，这样才能使革新"闯将"如雨后春笋般蓬勃生长。这一点实在是太重要了，因为没有支持的体制，就不会有革新"闯将"的出现；而没有革新"闯将"，也就不会有创新项目和产品。

事实上，许多出色公司的创新制度就是为革新"闯将"设立的。革新"闯将"们在一定环境内，利用所需的资源，最终把事情办成功。

2. 创新的环境是可以营造的

国际商用机器公司的精明之处在于有这样一种创新之道——营造创新环境。

(1)让员工有实现自己设想的机会。一个人如果没有充分的时间和资金去追求自己的设想，就不能自由地选择怎样行动，因而很难取得创新成果。

(2)让员工有犯错误的权利。创新就会犯错误，允许犯错误，创新者就会继续努力。

(3)允许创新者向自己的创新产品投资。

(4)允许创新者通过自己的勤奋获得利益。

好的创新环境既能使创新者追求成功的心理得到满足，也能提供经济奖励，可以留住人才，并促使他们更好地为公司服务，更加努力地去进行新的创新。

多年来，IBM 研究员在这种鼓励创新的企业文化熏陶下，实现了一个又一个技术上的攻关突破，获得了一项又一项专利成果。例如，1980 年，以电脑专家菲利普·艾斯特里奇为首的特别工作小组，组成了一个由总部提供 2000 万美元的风险资本而不受总部领导的独立性风险企业。这个内部企业只用 9 个月的时间就研制出了一种使得整个计算机行业大大改观的新型个人电脑，很快便占领了10%的市场。

当然，如果一个研究员的创新得不到本部门的支持，他可以跨部门寻求用武之地。不少公司都愿意以重金聘请IBM研究员，但是真正为了钱而辞职的人在IBM公司中几乎没有，因为IBM研究员在公司备受尊重，行动自由，不仅研究资金充裕，而且由于IBM是世界上首屈一指的电脑公司，研究人员取得的成果能在美国同行业，甚至在世界同行业中产生更大更直接的影响，个人的价值容易得到更大的体现。

还有一个典型事例反映了IBM公司鼓励创新的独到之处。该公司有一位高级负责人，曾由于在创新工作中出现严重失误而造成了1千万美元的巨额损失。为此，他心里非常紧张，许多人也向公司董事长提出应把他开除。但董事长却认为一时的失败是创新精神的"副产品"，如果能继续给他工作的机会，他的进取心和才智有可能超过未受过挫折的常人，因为挫折对有进取心的人来说是最好的激励。

第二天，董事长把这位高级负责人叫到办公室，通知他调任同等重要的新职。这位负责人非常惊讶："为什么没有把我开除或降职呢?"董事长却说："若是那样做，岂不是在你身上白花了1000万美元的学费?"后来，这位高级负责人以惊人的毅力和智慧，为公司做出了卓越的贡献。

彼得斯说："由此可见，创造不是一个全靠自发的神秘过程。创造性才能的发挥实际上会受到各种人为的环境因素的影响，尤其是营造创新环境更为重要。正是在这个意义上，人们才说，创造力是可以营造的。"

创新思维与创造力
引领企业发展

管理者须具备创新意识

管理者是企业技术创新的决策者和组织者，企业技术创新成功与否，管理者起着关键作用。因此，要搞好企业未来的发展，管理者首先必须有强烈的创新意识和责任感，随时保持高度敏锐的头脑和洞察力，才能积极有效地组织企业的技术创新活动，推动企业快速发展。

创新是一个复杂的系统工程，是一项融合着企业内外多种关系的综合性创造活动，管理者必须首先把创新意识作为企业最重要的价值观之一，贯彻到技术创新、科研创新、产品创新等方方面面。而创新意识从大的方面可分为战略创新意识和过程创新意识。

战略创新意识，就是要从战略上、全局上，即从企业乃至国家的长远利益、整体利益出发，对企业技术创新进行决策和规划。具体地讲，就是要实施技术创新战略。从宏观背景分析，这一战略应当确立"以科技成果转化为重点，以市场为导向，以产品创新为龙头，以经济效益为核心"的发展战略，以及与之相匹配的创新观念、创新体制、社会环境、发展模式、运行机制、科技投资体系、金融体系、政策体系、法律法规体系、市场体系等等。从微观环境分析，即对企业来说，主要应着眼于企业技术创新能力的长期性上、稳定性上提高，从市场销售、组织结构、管理制度、产品工艺、决策等多方面营造企业的技术创新机制，正确处理好企业在技术创新上的短期效益与长远效益、引进技术与消化吸收等多种矛盾关系，而不应计较技术创新在短期经济效益上的得与失。在实施技术创新战略的过程中，市场战略是技术创新的关键。其内容主要包括：面向国内和国外两个市场，以便取得更大的效益，提高本产业在国内国际的竞争力；抓好对不断变化的市场的调查研究和售后服务工作；在提高民族产品国际竞争力的前提下，提高国内外市场的占有率。

　　创新意识还包括过程创新意识。技术创新是一个把新设想在具体技术活动中的应用，进而实现在市场中产生销售利润的过程，即把科技成果转变成现实生产力，从而促进经济增长的过程。过程创新意识要求把技术创新作为一个过程、一个整体，并把各个环节、各个方面的创新有效协调起来。在这一过程中，首先要有企业是创新主体的主体意识，此外还要有产品工艺创新中的竞争意识和品牌意识，机制、模式创新中的改革意识，决策创新中的超前意识，市场创新中的竞争意识和服务意识，以及管理创新中的人才意识等等。整个过程的各个环节有机协调，创新意识贯穿始终，从而最大限度地发挥技术创新的作用。

要培养这两种创新意识，管理者要有以下几点思路：

1. 正确认识和解决企业技术创新中的现实问题

要强化创新意识，就要解放思想，开辟新的道路，寻找新的突破点，打破原有思维方式。

传统思维和创新思维在动机来源上的主要区别是，传统思维主要考虑外部作用和影响，而创新思维着眼于内在创造力。思维方式的转换就是要我们学会跨越式的思维方式，学会按照思维的独特性原则、展开目的原则、追求应有状态原则、系统思维原则、收集必要信息原则、参与介入原则以及继续变革等七项原则，来正确认识和解决企业技术创新中的现实问题。

2. 加强学习，成为知识型管理者

积极培养自己成为知识型管理者非常重要，要做到这一点，需掌握以下几点：一要激发对学习的兴趣，一个人有了创新的使命感、紧迫感，自然就有了明确的学习目的和动力，就会对新知识有一种永不满足的追求，这是所有革新者、创造者的特点。二是学习内容要广泛、要活学活用，除了学习必学的专业、科技文化知识和现代管理知识外，要特别把创造性思维方法作为最重要的必修课，不断提高创造思维和创新能力并根据自己的工作需要学以致用。三要注意学习方法

的创新，除了刻苦学习的精神外，学习方法的创新也很重要，比如走出去学习、请专家来教等。四要创造良好的学习环境，尽快建立和完善职业教育和继续教育体系，针对不同程度、不同领域的企业家，采用适宜的培训和进修形式，还要尽可能利用现代化的学习技术，如网络、大数据等，使他们每天不断地接受最新的信息、最新的资料，学会用最新的处理程序获取知识和能力，尽快成为知识型的企业领导人。

管理者要设定创新机制

很多企业以机器大生产为主要的生产方式，销售大量产品为企业创造利润，所以企业中不提倡奇思妙想的创意，而是要求员工和管理者严格按照传统的生产经营方式不越雷池一步，照做即可，这种企业一般不会容忍员工工作上的错误，因而阻碍了新的创意产生。本世纪初，泰罗的"管理革命"理论概括了这种管理模式，即管理者阶层迅速发展，管理者主要从事计划、组织、指挥、监督员工生产的工作。泰罗认为：管理上高度的职能分离、按部就班的流程及流水线式的生产方式，是提高企业效率的"普遍原则"，严格执行标准化流程是推动经济发展的强大引擎。

这种理论在当时大行其道，但随着信息化社会的到来，创新逐渐成为了时代的主流。当今学者认为，虽然泰罗的"让工人做简单明确的工作，管理者从事计划、组织、指挥"的管理思想对企业建立标准化大生产方式具有重要作用，但在今天的信息时代，这种思想遏制了员工的创造性思维，甚至成为企业发展的障碍。因为在瞬息万变的互联网时代，企业一定要求变求新，才能站在行业中的制高点，管理不是为了束缚员工，而是鼓励员工寻找创新的思路和方案，管理者要有容错纠错的胸怀，不断鼓励下属进行产品创新，这样才能为企业创造源源不断的利润。未来的竞争，不是生产能力的竞争，而是创新能力的竞争。这已然是现代企业管理中被普遍接受的理论，也是被无数企业认证了的真理。那么，管理者该如何组织和领导员工们创新呢？

英国著名管理学家贝思·罗杰斯把这一问题的答案归纳为以下几个要点：

1. 对于错误敢于接受

一个人如果想在思想上和行动上都具有独创和革新的精神，那他就不能怕犯错误。对于一个问题广泛地提出可供选择的许多解决办法，并保持一种容错的沉着态度，这两者都是有创造性的人的思想特征，它们都要求人不要过多顾虑错误的危险性。当然，这并不意味着有创造性的人认为犯错无关紧要，而是说他们把犯错看作为日后成功积累的经验，而不是个人的一种耻辱或失败。

2. 企业的新产品战略要有创造性

贝思·罗杰斯首先指出，企业的新产品战略要有创造性。然而许多企业在创造性方面都达不到令人满意的程度，这些企业会受到玩忽职守和官僚作风的危害，变革的要求常常被忽视或被压制。根据产品要经过投入期、成长期、成熟期、饱和期和衰退期的产品生命周期理论，如果在产品进入饱和期之前进行产品创新并成功的话，企业会经历一个新的繁荣阶段。所谓的创造性是指人类描绘新事物蓝图的思维过程，是一个新设想诞生的过程，而革新是指将优选方案转化为产品的过程，两者并不等同。人的大脑总是在产生新想法，想到毫无关联的各种信息，有时将这些信息拼到一起就会形成新的组合。革新是对现有事物的重新诠释或重新组合，比如印刷机的发明者就是把自己收藏的压模机和榨汁机组合到一起。类比也能促成创新，如电话的发明就是建立在模拟人耳机能的基础之上。

3. 鼓励创造型人才突破常规

企业应从哪里寻找创造型人才？贝思·罗杰斯认为，在创造性领域内，许多探索者都有着强烈的好奇心，这是一种对产生创意极其重要的性格特征。有创造性的人思维也是独立的、能够打破思维定式，这类人心态乐观，敢于承担风险，善于想象，思维缜密。很多创造型人还善于检验自己的设想，并做好一切准备把设想坚持不懈地付诸实施。企业管理者要寻找这种具有创造性特质的员工，然后开发这些人的创造性。

4. 建立革新小组

某个人或许有能力，但若能与他人的创造力相结合，他的表现会更加出色。个体差异性很重要，尽管合作会带来一些冲突，但创新型团体并不以无冲突为特征，相反，在一个创新的集体中，冲突是能够转化成生产力的。企业多元化最基本的一个方面，就是要从企业的不同职能出发建立各种开发小组，打造一支汇聚了多学科人才的集中攻关队伍，即开拓型产品开发小组。产品开发小组要有履行以下职能的成员：发起人、协调人、产品冠军、发明家、项目经理、辅导员、情报员、记录员。发起人通常是提出小组研究课题的管理人员，协调人帮助小组集中精力发现自我优势并多想办法解决冲突，产品冠军能促使公司的各个小组增加产出，发明家能为小组带来新点子、新设想并激发他人的创造力，项目经理确保小组按计划高效运行，辅导员关注成员的精神状态并关注每个人做出的贡献，情报员在小组需要时搜集信息，记录员负责记录小组的一切行动。

一个高效的产品开发小组需要什么样的机制？贝思·罗杰斯认为，首先要保持独立，尽量摆脱公司传统思维的压力；其次要富有激励性的目标，并让小组成员保持一种紧迫感；此外，还要有能容忍错误和不同见解的胸怀；最后，小组成员要相互信任，避免拆台、嫉妒等不团结现象。

5. 明确创新需求

建立开发小组后，应该努力实现新产品突破。贝思·罗杰斯认为，许多新产品构思是对原有事物的重新"组合"。一些公司曾成功地运用重组的方法发展了新的产品生产线，还有些是围绕着已有产品组合再开发新产品。绝大多数有成就的企业家都是先明确需求，然后以一种系统性的方法去满足需求。

罗杰斯将需求划分为四种：特定需求、订制需求、模糊需求和变动需求。特定需求容易确定，能被大多数人理解并且适用于大多数人，如洗衣粉、胶水等日常生活用品。而为满足特定需求而研究更多、更好的产品对策，这项工作随时都在进行。订制需求是指一些组织或个人的特殊需求，比如可以为某个顾客或顾客群量身订制一种产品，根据顾客的要求增加或删除某些产品性能，以便改进整体产品概念。最典型的订制需求的例子就是计算机服务产业，每个订购合同都有自身的一定要求。订制需求不仅可以在生产资料领域内的许多产品或服务中得以应用，对某些消费品领域如时装业，也同样具有影响力。模糊需求是一种确实存在但因其变化不定而无法定义或定位的需求，要发明满足模糊需求的产品，在很大程度上依赖灵感和直觉。而变动需求则是一种不断发展变化的需求，要研究它困难重重。

6. 寻找解决问题的办法

提出了产品构思之后，就要集中精力完善每一个产品概念。贝思·罗杰斯认为，不管你的产品是能看见的、能触摸的、能携带的还是无形的，它都要有一个能为用户提供的最主要的功能。产品概念可用八个标准来衡量：一致性、艺术性、可靠性、方便性、耐用性、业绩、功能和质量观感。

一致性是指产品要满足各种标准(产业的、安全的),与顾客的要求保持一致。艺术性是指产品的外观设计,外观设计在许多国家往往能比发明得到更长时间的保护。艺术性能带来竞争优势,而且它与产品结合得越紧密就越难以模仿。可靠性是指产品的质量,高质量的产品可以赢得顾客的信赖。便利性是指产品不仅要考虑现在的使用,还要考虑未来的升值,产品应该做得易于调整,便于拆卸和安装。产品的兼容性也是一个重要因素,即消费者使用时是否可配套或混用其他厂商所生产的部件。耐用性是指产品的使用寿命,此外产品若便于更新,顾客会用购买附件的办法来升级自己所购买的商品,他们对产品的喜爱将持续得更久,同时扩大产品的常规用途对企业也很利。业绩是指产品超过预期目标、获取奖项的能力,某个产品一旦获奖就会赢得"质量优异"这一无形资产。功能是指产品的服务性能及种类。质量观感包括顾客的价值观,其神秘性可解释为一种安全感,一种顾客对企业的信任感。

为了取得创新性的变化或者产品突破,管理者要思考产品的三个特殊方面:时间、空间、质量感。时间包括生产时间、服务时间、消费时间、闲置时间、履约速度、交货速度等。空间包括产品的大小、形状、范围等。质量感是指密度、质地、弹性等。通常,服务性产品很容易在时间和空间上发生变化。

罗杰斯通过分析产品的生命周期，指出核心产品在整个生命周期中需要不断变化，这种变化十分重要。同样，产品涉及的服务和无形要求也会发生相应的变化。总之，产品革新通常被看作是延长产品生命周期的理想办法，随着产品的成熟，革新核心产品的需求也在不断增长。而利用时间、空间和质量这几个主题进行变化，能够促成合理的创新。所以在产品的生命周期中，为了适应变化着的消费者需求，服务和无形要求也应该不断变化。

管理者要激发员工的创新理念

科技革命的浪潮和高科技的广泛应用，使得许多固守传统经营模式的企业必须另谋出路，寻求新的产业模式和产品替代体系，要对过去那些被奉为经典的传统经营理念进行重新审视，以适应时代的发展。创新是推动企业发展的原动力，因此管理者要激励员工的创新理念。

1. 企业的宗旨是使"创新进入新的高度"

过去美国企业管理的主流理论认为，企业的宗旨就是赚钱，利润就意味着管理成功，"最大限度获取利润"、"提高投资回报率"成了企业的最高目标，至于产品质量、服务水平等是不必作为企业宗旨的，因为市场机制会使企业找到它应该达到的产品和服务水平。但现在，这种思想正在被抛弃。

2. 留住人才比招聘人才更重要

传统的管理理论认为，人员频繁流动是企业活力的源泉，是企业生存的基本前提，但现今这种思想遇到了挑战。

《Z 理论》的作者威廉·大内指出："美国企业管理一向是以'异质性'、'流动性'、'个人主义'为特点的，在这种管理环境下，人员流动频繁，美国公司人员的补缺率约为日本的4~8倍。大量的人员流动会导致一系列后果：培训成本升高；人们追求薪酬迅速提升，而忘掉公司原本的目标；人际沟通困难，缺乏合作；企业与职工关系淡漠，彼此缺乏信任感；管理机构严重官僚化，没有人情味；管理者控制有余，指导和激励不足，等等。"在这种模式下，企业内部彼此都是"陌生人"，即使每个人都很出色，但要让大家深刻领会企业宗旨，分担风险，为企业献身，事实上是不太可能的。为此他提出应学习日本，使雇用稳定化。

那么，雇员稳定会不会成为公司的累赘？对于这个问题，大内认为，这是传统管理思想狭隘之处，这种担心是多余的。其一，企业在衰退时期不解雇工人造成的损失，是可以通过赢得职工的忠诚而得到超额弥补的。其二，稳定雇用等于公司保持了长期以来积累的技术和管理经验，这是提升竞争力的条件。其三，由于衰退时期员工的报酬、工作日等都可以调整，这样能使员工分担企业的亏损，所以企业仍然有利可得。因此，在技术革新加速的时代，抛弃临时雇用思想、确立稳定雇用思想是形势的要求。

3. 权力下放比金钱刺激更有效

金钱万能历来是资本主义的信条，表现在企业管理上，人们普遍认为，只要肯出大价钱，优秀的管理、技术以及员工对企业的忠诚都是可以"买"来的。然而现实并非如此，在企业管理中，"物质刺激"的作用是有限的，到一定阶段它就失去了往日的效力。正如美国学者丹尼尔贝克所说的："人不是经济人，而是社会人，因此，现代管理者要把目光更多地投向物质需求以外的精神需求，尽早放弃'人是会说话的工具'这一陈旧观念。"由于物质激励是外在的，而不是发自员工内心的需求，并且物质需求容易满足，一旦满足就失去了作用力，因此物质激励并不总是可靠，必须寻求精神激励的途径。所以要想在企业中形成创新的企业文化，就应把权力下放，尊重员工的创意，充分发挥他们的个性和创造力。

4. 鼓励员工创新，包容错误和失败

在传统的管理理论看来，领导必须有至高无上的权威，必须是业务专家，只有这样才能有领导力。但新时代的管理者要彻底摒弃这种观念，要鼓励员工创新，包容员工在创新中所犯的错误和遇到的失败。

5. 管理者要提高自身创新意识，从容应对新的管理要求

（1）领导者要拓宽视野。韦恩认为，有三种状态会阻碍人们的

视野：眼光迟钝(看不出变化)、无动于衷(对看出的变化没反应)及套用老办法(根据以往经验做反应)，企业管理者要避免上述三种状态。

(2)领导者要督促行动。领导者不要在战略上花费过多的时间，因为创新最主要靠行动，只要确保创新行动完全符合业务目标，就要鼓励员工拼命干。

(3)领导者要实时反应。营销高手麦肯拉在《实时：如何面对永不知足的顾客》一书中指出："在实时系统方面进行投资对留住顾客至关重要。企业应利用信息和通信技术来回应不断变化的环境，以便在尽可能短的时间内满足顾客的需求。"

(4)领导者要重塑创新优势。丰田公司的奥田硕是一位新型的日本总裁，他上任后很快摒弃了日本式管理的传统(终生就业、基于共识的管理)，建立了新的创新模式(因才提拔、加快决策速度)。结果，一种令竞争对手难以企及的、日本和欧美管理相结合的创新成功模式产生了。

(5)领导者要网罗"探险家"式的员工。《快捷企业》杂志说，在招聘这一问题上，许多行业的领先企业都得出了同一结论："创新素质比知识更重要。招聘员工并非是找有合适经验的人，而是要找有创新思维的人。"企业中的管理者角色分为：船长(有远见卓识的领袖)、制图员(有洞察力的管理者)、大副(日常管理者)。这些角色对于企业发展而言都是至关重要、不可或缺的。

(6)领导者要不断选择新的创新之路，例如打破规则(打破行业平衡)、参与竞争(在不断增长的市场中满足现有需求)、制定规则(控制市场标准)、专业经营(专注于"缝隙市场")及临场发挥(从变革中获利)。

(7)领导者要瞄准局限点，因为每个企业在经营中都至少有一种局限点，因此，要瞄准局限点，提高产出效率(企业通过销售获取资金的速度)和利润。

(8)领导者要学习、学习、再学习。保持竞争优势的唯一源泉就是知识。当今世界的竞争是快者胜，因此企业的管理者必须比对手更快地掌握新技巧、学习新技术、取得新能力……企业不仅要获取市场份额，还要多获取知识份额，把握尖端产品生产流程的知识。

(9)领导者要"不拘一格降人才"。管理者的思维方式应立足于为企业寻求整体解决方案，寻找人才也是如此。

创新是企业的生命力

世界上规模最大的禽肉加工企业泰森食品公司，就是依靠新产品开发策略取得了巨大的成功。该公司最初生产的产品是黄油鸡块，随后又开始生产有外包装的鸡肉面包和馅饼，现在该公司可生产近千种鸡肉制品。

泰森食品公司的生产过程高度一体化。从小鸡的孵化到鸡肉制成品的最终运输，经营范围无所不包。该公司现有 63 家加工厂，每周能加工 2600 万只鸡！

丹·泰森出身于农民家庭。泰森说："我父亲 50 多年前就创办养鸡场。"小泰森跟随其父在养鸡场里工作，最初他面临的一个最棘手的问题就是鸡肉价格起伏不定。他回忆说："养鸡并不难，难的是在价格不断波动的情况下如何把鸡卖出去。"为了解决这一难题，泰森决定将鸡肉进行深加工以提高附加值。

他的第一种增加鸡肉附加值的办法，就是将鸡整只出售，而不是按原来的以斤出售。泰森说："这样做可以使鸡肉的价格在三四个月内保持稳定，我们依靠此手段终于在禽肉制造业中异军突起。"

他的第二种办法是按份卖黄油鸡块，通过这种做法就能按份定价而不是按斤定价。"由此我想到我们是否可以加工多种鸡肉制品，那样附加值会更高。1970 年，我们开始将鸡肉做成鸡肉馅饼和鸡肉面包，这些产品也很快成了非常受人们欢迎的快餐食品。"

在新产品开发的过程中，鸡肉馅饼和鸡肉面包的研制是一次巨大的成功。

泰森意识到快餐行业在未来几年会得到巨大的发展。他开始向超级市场推销他的馅饼和面包，因为超级市场的潜力巨大。泰森说："快餐业已经为我们的产品做了许多市场导入和广告宣传的工作。"泰森公司总经理亚伦·托利说："一旦我们的某种产品获得成功，我们就要扩大影响、生产系列产品。"泰森补充说："即使生产像馅饼一类的简单食品，我们也要做到尽善尽美，然后定一个富有竞争力的价格。同时，我们也生产一些价格较低的产品来满足低层次消费者的需要。"

泰森公司开发者若发现某种产品比较适合自己的口味，他们就会在全国挑出几个地区作试点，检验一下此种风味是否受消费者欢迎。公司的调研人员以某一特定人群作为调查对象，拿出样品请人们品尝，然后向他们提出相关问题，如："你为什么喜欢这种食品？""你为什么不喜欢这种食品？""你愿意购买这种食品吗？""什么价格你可以接受？"泰森说："我们总是在寻找一个最佳价格，以便我们的产品能被大多数消费者接受。"

一般来说，鸡肉制品的市场周期一般为 2~5 年，但大部分鸡肉制品的市场周期都小于这个期限。正因为如此，泰森公司总是试图不断推出新产品。泰森说："我们制作 26 种馅饼，这 26 种馅饼根据不同风味以及使用的不同黄油，可大体分为 5~8 种。我们还可以将这些馅饼做得大小不同，形状多样——圆形的、方形的、心形的。这样，我们的馅饼品种就变得丰富了，很多超级市场、饭店都愿意卖。"

泰森的以鸡肉为原料的产品在饭店里的更新换代速度远远快于零售店的换代速度，这主要是因为饭店总是每几个月就想要更换一种口味，给顾客一种新鲜的感觉。对此，泰森说："无论饭店要求我们提供什么样的产品，我们都必须千方百计去满足他们。因为顾客在饭店里吃的每一种我们公司的新产品，一般半年到一年前我们就开始研制了。"

汤姆·彼得斯指出："成功的管理者都是执着于创新的，他们把不断开发新产品当作企业的生命。只有能够组织和带领员工不断开发新产品的管理者，才是合格的管理者。"

销售效率并非静态的、一成不变的，而是随时会产生波动，所以不可能一劳永逸地保持高效的销售效率。市场、竞争环境及其他环境的变化都会对销售部门的工作效率产生影响。企业会不断地适应各种竞争性营销策略、产品推介以及价格变动。

成功的企业都是在创新中不断发展壮大的。

管理者要建设学习型创新企业

知识经济时代，高新技术渗透到商品产、供、销各环节，谁率先进行技术创新，拥有先进技术，生产出成本更低、效用更大、更能够满足消费者需要的新产品，谁就会在竞争中处于不败之地。反之，就会在竞争中处于劣势，被市场淘汰出局。不创新无异于"慢性自杀"。

美国的王安电脑公司曾鼎盛一时，但进入 20 世纪 80 年代以后，电脑市场竞争激烈，而该公司满足于自己产品在设计和技术水平上的优势和声誉，没有跟上电脑转型创新的步伐，及时推出新产品，终于败在 IBM 公司和苹果公司手下，最终破产。可见，管理者必须适应全新思维，优化企业资源配置，从生产要素、团队组织、经营战略、企业文化等方面全方位创新，从而研发出适应市场需求的新产品。

在美国，每天约有 1 090 家企业诞生，同时每天又约有 1 000 家企业倒闭。人们不禁要问：面对纷繁复杂的市场变化，企业如何才能保持永久的生命力？英国壳牌石油公司的企划主任伍德格告诉我们："企业唯一持久的竞争优势，是比你的竞争对手学习得更快的能力。"真正出色的企业，都是那些能够设法使各阶层人员全身心投入并能不断学习的组织。

彼得·圣吉在研究系统动力学的管理理论和无数优秀大企业的管理实践后提出："未来理想的企业组织形式是学习型组织。"

学习型组织必须达到以下几点要求：一是超越自我，不断学习，集中精力，培养耐心，客观地观察事物；二是改善心智模式，发掘内心，并加以审视；三是建立共同愿望，把领导者个人的愿望转化为团队的共同愿望；四是组织团队学习，进行深度交谈和讨论，建立真正有创造性的"群体智力"

此外，在世界经济一体化的大趋势下，制订全球化的经营战略有助于企业引爆创意，整合各方面的优势资源。

全球化的战略，首先是面向全球开发并配置资本、劳动力、技术等生产资源。根据不同地区的不同利税和金融风险来配置资本，根据不同地区技术发展水平和优势来组织技术开发，根据不同地区文化水平和企业需要来开发和利用人力资源。其次，要建立一套基于国际分工协作的高效生产体制。越来越多的企业改变了以国内生产为主、海外生产为辅的传统经营方式，力求建立各种形式的海外生产基地。全球化的经营战略更多的是指建立面向全球的市场营销体系。许多企业通过启用当地营销人才或加强培训等方式，大力培养不仅懂营销、懂外语而且熟悉当地文化特点和消费习惯的营销人才，以完善国际营销体系，迅速准确地把握市场信息。

学习型企业中的销售团队也是需要革新的。

成功的销售队伍能够把销售投入充分转化成有效的销售活动并实现出色的销售业绩。而这些因素均可量化，所以企业完全能够对销售人员的业绩与效率进行准确评估。

销售队伍的整体概念中还有另外两个要素：人员与文化。销售部门的人员及其销售文化，对一个销售部门能否有效开展销售活动具有直接的影响。在一个"成功"的环境中，业务能力强、积极性高的人员就能够有效开展销售活动，而销售活动会对客户产生影响并在销售业绩上得到体现和反映。

那么，如何根据这一概念建立一支成功的销售队伍？显然，一支成功的销售队伍的特点应是：低成本、高销售额、高利润、销售活动回报率高。所以，成功的销售团队除了拥有上面几个方面的特点，还应拥有很高的客户满意度。因为销售人员的主动性越高、销售文化越积极，成功的可能性就越大。

管理者要重视创造的落实

美国微软公司曾向全球推出新软件"WIN95"，该产品第一周的销售额高达 108 亿美元，被认为是高新技术产业化的一个范例。微软公司董事长比尔·盖茨，被美国《福布斯》杂志列为世界十大富豪之首，他创建公司仅 21 年，个人财富就达到了 139 亿美元。

微软公司让很多企业销售他们生产出来的产品，同时他们仍在不断创新。所以，拥有创造力的企业远比那些固守传统、永远不变的企业赚钱更快，因为科技创新力使拥有创造力的企业有了在未来市场上与竞争对手一较高低的实力。

在激烈的市场竞争中，越来越多的人已经认识到了创新的力量：创新可以领先别人，超越别人，创新是企业未来竞争最重要的砝码。

管理大师德鲁克曾说："高新企业的特殊使命，是要使今天的产品有能力创造未来。"所以对每一个企业来说，不仅要创造现在的财富，更重要的是要从现在开始，培养企业创造未来财富的能力，也就是要重视创新，建立一整套先进的系统流程和专业化管理体系。

随着经济全球化进程的推进，世界各大经济体的专业化分工越来越完善，对科技手段的应用越来越普遍，信息化和数字化的发展趋势要求企业要时时创新，创新就是企业现在和未来的生存资本，创新决定着企业的生命，可以说创造力是企业中比财富更重要的资本。

可是一些企业并没有从观念上意识到创新对于企业未来的决定性作用，依然以传统的观念重视资金流量而轻视产品创新。虽然迅速提升创新能力对于劳动密集型和资金密集型企业来说也许是比较困难的事，但因为这两种类型的企业所面对的市场竞争往往表现为产品质量和价格的竞争，因此企业如若不设法提升创造力，在产品的推陈出新上下功夫，终将被时代所淘汰。

这不是夸大其词的危言耸听，而是一再被现实验证的真理。二战结束后，美国 3M 公司和诺顿公司势均力敌，然而在以后的几十年里，它们分别走向了不同的道路。诺顿公司紧随一波又一波的管理热潮，不断采用最新的管理方式，在计划与控制上下功夫。而 3M 公司却不同，它对新的管理方式并不那么感兴趣，而是设法鼓励员工创新，经常采用他们的新创意。结果，两家公司的业绩相差很远：3M公司曾连续 6 年被《幸福》杂志列入"最受称颂的十佳公司"，而诺顿公司却日渐走下坡路。

　　创造力不是一种消耗性资源，而是一种可再生资源。它与其他资源最大的不同在于，它不但可以产生"1+1>2"的聚合效应，而且其产生效益的体系一旦形成，就可以产生长久的滚动裂变效应。诚然，企业对创造力的管理比对其他资源的管理困难得多，因为它不是具体的，也不是用数量可以计算的。对于大型企业来说其管理难度表现得更为突出，因为大型企业的发展要求更多的是规范，规范就是统一，统一就是讲究理性、讲究群体，但是规范与理性又可能扼杀创造力，因为创造力的发挥更讲究重视感性、张扬个性。所以在创新导向的企业里，鼓励创新的企业文化环境包括一个不可忽视的方面，即有效地保护企业员工的创新热情。

　　在鼓励创新的企业中，常常会出现这样的情况：创新者提出了富有创造性的革新思路，但是经过企业有关部门的客观分析和经济技术论证以后，这些思路最后并没有被采纳，这时就要注意有效地鼓励和保护这些创新者的创新热情和冲动，避免影响或挫伤他们的积极性、主动性和创造性。惠普公司在这方面的做法值得其他公司借鉴，创始人之一休利特提出"戴帽子法"受到员工赞赏。

　　惠普公司只要有一位富有创造精神的创新者满怀热情地向休利特提出了一种新想法，休利特马上给他戴一顶"热情"的帽子：他认真地倾听、仔细地了解有关的细节，努力去理解这一新想法，并在适当的地方表示赞赏，同时提出一些十分温和的、不尖锐的问题。事后，他会立刻把这一新想法提交相关部门加以认真讨论、仔细研究。几天后，他再次与创新者针对该想法进行讨论，这次他戴的是"询问"的帽子：他会提出一些非常尖锐的问题，对其思路进行深入、彻底的探讨，研究得非常仔细，但并未做出最后决定。不久以后，休利特又会戴上"决定"帽子：再次会见这位创新者，在严格的逻辑推理和经济技术论证下，做出最后判断，对这个想法下结论。即使是最后的决定否定了这个想法或项目，但这个过程已充分显示出对创新者的赏识、尊重和鼓励，给予创新者一种满足感。休利特的这种做法逐步得到大家的认同和采纳，最终发展为惠普公司鼓励和保护创新精神的企业文化。

现在，越来越多的企业尝试着使用各种方法提升员工的创新力，很多企业都设有研发部门，研发部门每天都在进行着新产品的攻关试验，在通信、电子高新技术产业每天都会有新产品出现，这都是创新带来的结果，越来越多的人享受着创新的"红利"，越来越多的人认识到，只有拥有了创造力，才会拥有美好的明天！

拥有超前思维才能引发创造力

现代信息社会的数字技术革命和大数据的广泛应用，给人们提供了诸多先进的科技成果，众多企业高举创新大旗，不断引发创意"爆点"。比如华为的高科技产品、苹果的个性化设计以及淘宝的人性化消费服务……它们一次次引领的创新热潮，无一例外地印证了创意和超前思维的力量。

"超前思维"是一个内涵丰富的概念，下面就来仔细分析一下：

①超前预测。企业若能够审时度势，先于竞争对手预测出未来的发展态势并早做准备，必定占尽先机，无往不胜。要做到这一点，就要求企业认真地做市场调查，分析行业发展态势，掌握国际经济环境的变化，以此为根据，对今后本行业的热点、卖点做出准确的判断。

②超前决断。这是大胆决策的基础。机遇对个人、对企业而言都是

稍纵即逝、十分宝贵的。俗话说：机不可失，时不再来，一旦商机来临，个人、企业必须快速做出决断，大胆决策，紧紧抓住机遇。

世界著名的石油大王哈默，在他大半个世纪的经营生涯里，多次靠果断大胆抓住商机而获得成功。第一次世界大战结束后，军方和政府取消了一些医药企业的供货合同，很多制药厂认为这将导致制药行业的萧条。但哈默却独具慧眼，断定药品供给制一旦取消，公众就会抢购药品，因而断然决定大力发展制药厂。这一决断，使他由一个小制药厂主迅速变成百万富翁。

③超前规划。企业必须有长远的发展规划，明确未来的发展目标、可能遇到的问题及解决措施，这样才能成功。如果说机遇从来都只是留给有准备的人的话，那么商机从来就都只是留给有准备的企业。

日本汽车小巧、省油、质量上乘，但直到 20 世纪 60 年代末，虽几经努力尝试，却始终未能在美国市场上立足。1973 年爆发的石油危机，成为日本汽车打入美国市场的契机；而 1974 年接踵而来的第二次石油危机，最终确定了日本汽车在美国市场的地位。这其中的原因就在于日本汽车界一直把"质量高、省油"作为汽车发展的方向，并对此做出长远规划，最终把握住了石油危机所带来的商机。

④超前行动。企业在洞察商机后，必须迅速采取行动，抢在对手前面，占据市场高地。"抢先一步，领先一步，主动一步，迅速

见效"，这是市场经济运行的准则。在经济不景气的情况下，更应该超前经营，抢先发掘潜在的新市场机遇。只有这样，企业才能永远走在市场阵地的前面，抓住商机，创造商机，让自己处于不败之地。

走出创新"瓶颈期"的几个方法

一些企业在经历了成长和快速发展的阶段后，往往会陷入低迷的瓶颈阶段，此时如果不及时调整思路，寻找引爆新一阶段成长的创意，就只能被动地等待被淘汰的命运。现今，苹果等世界大企业只要寻找到创新的突破点，就迅速行动，最终引爆自己业绩的增长。而我国各大电商平台和实体店几乎每天都在推陈出新，这些企业深知不创新就会落后的道理，所以，企业应不断创新，不断发展。那么，一个企业如果处于瓶颈期，该怎么办呢？

1. "寻找缝隙"，在瓶颈中开辟出一片新天地

即使在商战中一败涂地，也可以东山再起，在老本行里开拓出一片新天地。佩德罗就是一个很好的例子。

十年前，这位 43 岁的企业家在马尼拉开办工厂，向高露洁公司和菲律宾精炼公司提供铝皮软管。但是，好景不长，当这些跨国企业

改用压膜塑料管时，佩德罗手中90%的客户都流失了，他不得不关闭了工厂。

尽管如此，佩德罗仍在逆境中找到一线生机。现在，他的蓝美仁公司已成为菲律宾第三大牙膏制造商，拥有20%的市场份额。

佩德罗把他的成功归因于创新：定价、促销手段、产品质量、产品定位上的创新。由于长时间为跨国公司做供应商，他很了解这些公司的优势：丰富的资源、广泛的分销网络和充足的广告经费。因此，他明白要与他们竞争是多么的困难。但是，佩德罗并没有气馁。他决心打入他原来那些客户的"竞技场"，于是他在1987年创办了蓝美仁公司。

起初，他想与外国企业合作生产牙膏并借用他们的品牌。但这些企业要求他支付品牌使用费，却不提供任何营销或分销的支持，这使佩德罗无利可图。出师不利的遭遇使得他决心创建自己的牙膏品牌。后来，他得到了一家日本牙膏制造商的帮助，在试验了200种配方后，蓝美仁公司终于在1989年推出了快意牌牙膏。

佩德罗深知大企业的实力，因此他做出了两个关键决策。他说："我要推出一种价格比其他著名品牌低40%的牙膏品牌，我的牙膏要瞄准低档市场。"

佩德罗知道，要与大企业硬碰硬，成功的机会微乎其微。于是，他决定开发自己的"缝隙"产品。蓝美仁公司推出了8种不同产品，其中包括水果香型的儿童牙膏和维生素 E 牙膏。经过市场检验，蓝美仁牙膏站稳了市场。对此佩德罗解释说："那些公司不能开发儿童牙膏，因为成本太高，利润太低。"蓝美仁公司则不然，它灵活机动，完全可以瞄准并占领这些小市场。

为了免去建立分销网络的成本，佩德罗与一家大型销售公司建立了联系。这是一家仓储式连锁店，主要面向低档市场。这家公司还建立了一个货物管理系统，将销售商和主要顾客联系在一起。这样，蓝美仁公司的管理者便能紧紧盯着分销商货柜上的货物流量，在此基础上规划生产。

此外，强劲的营销攻势也是促使蓝美仁公司成功的因素之一。佩德罗说："我的公司的广告支出并不比高露洁少。"

蓝美仁公司现在正面临着新的挑战。因为它的成功已吸引了本地 10 家企业投入这一市场，佩德罗渐渐感受到了竞争压力。针对这一形势，他又致力于产品多元化，推出了一些新产品，包括肥皂和洗碗液。同时，他还开始向越南和老挝等国家出口产品。

在总结自己的成功经验时，佩德罗说："大企业也有不感兴趣的'缝隙'市场，小企业可以把这些'缝隙'市场连成一片，从而壮大自己。"

2."巩固阵地"，寻找更多的机会

"巩固阵地"容易给人这样一种感觉——似乎在无可避免的失败到

来之前做最后的挣扎。实际上，"巩固阵地"是恢复产品活力的战略，它不需要"扩大战争"，而是为陷入困境的产品寻找新的市场或新的用途。

巩固销售市场意味着从竞争者手中夺生意，尽可能寻找机会提高自己的市场占有率。这一销售方案由四个基本战术组成：细分市场，确定特殊市场，为自己的产品争取大的用户，寻找多种分销渠道。

(1)细分市场就是指为不同种类的产品寻找不同的市场。例如，近年来可口可乐公司对其产品线进行了细分，在传统的可口可乐品牌之外，又增加了无咖啡因可乐和两种无糖可乐。

(2)确定特殊市场并提供独特的产品和服务，因为这些市场容易被人忽视。

(3)努力保持大客户对本公司的产品或服务的兴趣和忠诚，同时积极吸引那些竞争对手的忠实用户。此外，不要等到问题出现后再采取行动，为了争取客户，即使是经营状况良好的情况下也要采取竞争性的措施。

(4)通过多种渠道销售产品，而不仅是通过传统的渠道销售。

从20世纪60年代初开始，美国的咖啡消费量一直在下降，大多数专家认为，咖啡将不能再恢复它作为美国成年人通用饮料的地位，尽管在北欧国家里它依然保持着主要地位。据专家分析，20世纪50年代出生的那一代人从未养成喝咖啡的习惯。在成年以后，他们一直喝软饮料或诸如啤酒、葡萄酒之类的低酒精饮料。事实上，现在喝咖啡者的平均年龄在 40 岁以上，而且这一年龄还在逐年升高。

在咖啡市场长期衰退的形势下，居于市场领先地位的通用食品公司开始采取"巩固阵地"的销售战略。为此，它对市场进行了分割，并推出了不同品种的咖啡，其品种之多远远超过了竞争对手。此外，通用食品公司打算对各种咖啡进行市场定位，即确定它们面向的不同消费群体，以避免它们之间的相互竞争，同时将所有产品组成一条坚固的全面防线，与竞争对手相抗衡。通用食品公司还改进其咖啡制作配方，以适应像"咖啡先生"这样的新式自动过滤咖啡壶以及其他咖啡制作技术的需要。通用食品公司希望以其完备的品种保住原有顾客，并吸引新的顾客。无论他们喜欢哪一种咖啡，用什么方法调制咖啡，也无论他们想在什么时间、什么场合喝咖啡，通用食品公司都能满足他们的需要。

"麦斯韦尔·豪斯"牌咖啡仍然是通用食品公司的王牌产品，公司继续使用"滴滴皆可口"的广告语。作为一种历史悠久、最受人欢迎的咖啡品牌，这种咖啡被大力宣传为最佳家用早点饮料。

在美国销量位居第二的著名咖啡也是通用食品公司的产品，即"桑卡"牌咖啡。有趣的是，"桑卡"牌咖啡是在 20 世纪 20 年代作为唯一的一种不含咖啡因的产品，为适应一小部分顾客的需要而推出的，这些人由于患溃疡病或其他疾病而不能饮用普通咖啡。但是，随着咖啡饮用者年龄的老化，同时有越来越多的研究揭示出咖啡因对健康的危害，因此不含咖啡因的"桑卡"牌咖啡从一种特殊的产品变成广受欢迎的产品了。最初，"桑卡"牌咖啡是作为一种晚餐饮料向市场推广的，广告代言人是罗伯特·杨，杨是一位受人欢迎的著名演员，过去经常饰演一些非常值得信赖的正面角色。在电视广告中，杨在家里或饭店里露面，向他的年轻朋友们推荐"桑卡"牌咖啡。这些广告对于促销活动来说是极为成功的，但是它们似乎容易使人们把"桑卡"牌和老年人联系起来。于是通用食品公司的销售部门起用了一群活跃的年轻人代替罗伯特·杨。这时人们可以看到，这些年轻人在从事雕塑、驾驶独木舟或在水下焊接的休息时间里喝的是"桑卡"牌咖啡。

当"桑卡"成为人们的晚餐咖啡时，通用食品公司又推出了另一种无咖啡因产品——"布里姆"牌咖啡，以占领办公室这个市场。公司在宣传这款产品时很谨慎地使用广告，所有广告都播放同样的镜头：在紧张工作之余，两个职员朝着一个咖啡壶走去，其中一个很爱喝咖啡，但又担心咖啡因太多，另一个则向他保证："布里姆"牌的咖啡味道极好，而且不含咖啡因。最后，两人一起说："来一杯'布里姆'咖啡，味道好极了。"

通用食品公司的产品所覆盖的最后一个市场，是那些由于某种特殊的原因而喝咖啡的消费者。在这个市场上广告起了大作用。为了吸引那些喜欢独特欧洲风味的顾客，通用食品公司设计了艺术性很强而又富于感情色彩的电视广告，向他们推出了一系列特殊咖啡产品，获得了极大的成功。

适应多种市场和生产多种产品的策略，是通用食品公司为巩固其咖啡产品销售市场而制订的战略的一个组成部分。该战略使它在美国人口构成的变化给咖啡销售带来威胁时，仍能保持在市场上的领先地位。

对于处在发展余地不大的成熟行业而又不愿或不能找到新的顾客群或转向新市场的公司来说，巩固销售阵地是一个有效的战略。巩固现有的销售阵地意味着要从竞争者手中夺取一部分市场。这一战略要求细分市场，将市场需求分门别类，并在此基础上开发多样化产品。

如果企业的销售业务让你大伤脑筋，请赶快重新定位你的产品，瞄准你所拥有的市场，及时采取对策，巩固你现有的阵地。

创新力要有新高度——不断超越

有人问，企业家的使命是什么？时代的要求不同，企业家的使命也不同。美国经济学家熊彼特认为：企业的管理者是经济发展的带头人，其作用在于"创新"。所以"创新论"是熊彼特经济理论的核心，企业家则是"创新论"的焦点。熊彼特常常把企业家直接称为"创新者"，把企业家的创新称为"创造性的破坏"，称为"不断破除旧的生产方式、创造新的生产方式，不断地从经济结构内部进行革命突变"的过程。

以熊彼特的观点看，企业家应当是富于创新精神的开拓性人物，因为只有那些具有创新精神、能对经济环境做出首创性反应、能推动企业超常发展的管理人员，才称得上是企业家。

熊彼特对于企业家的评定和确认，实际上包含两方面的过程和内容：即对其作为经营管理者以及作为企业家的评价。

各国对于经营管理者的业绩评价，大多是通过经济评价、管理评价和社会评价及与之相关的准则展开的。经济评价是最传统、最基本的方法。这种方法强调经营管理者的经济能力。看一个经营管理者能力的大小，一般可以从分析企业规模、发展速度、投资收益率和市场占有率等指标入手。管理评价强调职业的企业管理者的管理职能，通常采用的评价内容和指标有：自信心和决断力，战略规划意识，创造能力，应变能力，人力资源的调用、激励及协调的能力等等。社会评价是从企业如何履行社会责任的角度来考察经营管理者的贡献和能力的。所谓社会责任，是指企业在追求经济和员工利益的同时，必须承担保护和改善公众利益的义务。

对于企业家的评价，除了上述准则之外，在定性和定量的评判标准上，都严格和复杂得多。企业家从成长到成熟，有着其不可割裂的阶段和过程。如果把企业家认作具有超常业绩的企业经营管理者，则人们（包括企业内部、经济界、政府和公众）对他或她的评价，采用的是一系列具有横向和纵向延伸度的动态标准。在企业家成名之前，人们评价他或她采用的是社会上对一般企业经营者所采用的方法和标准；在成名之时，他或她或许要接受比较苛刻的舆论，因为人们要用企业家的标准去衡量他或她；成名之后，"马太效应"会使他或她有一段顺利畅达的时期，人们对他或她的评价往往高于他或她实际的水平；当他或她头上光环的亮度达到一定的程度时，人们施加于他或她的是一套新的评判标准，即除了要求他或她符合作为企业家的一般标准之外，还要在这套标准之上叠加他或她历年的成就以及其他企业家特有的成就。可见，一个人要成为企业家或许还不是最难的，最难的是成为所谓的企业家之后，还要不停地、加倍努力引领企业创新，才能保住头上的桂冠和企业的增长势头。因此，我们可以说：对企业家的评价与企业家实际的创新力是紧密相连的，企业家唯有持续创新，才能引领企业不断达到新的高度。

人有生命周期，产品也有生命周期，企业家也面临着一个从起步到成长、从成长到成熟、从成熟到衰退的过程，我们把这个过程称作"企业家生命周期"。借用营销学中有关产品生命周期的理论，我们可以把"企业家生命周期"分为四个阶段：引入期、成长期、成熟期、衰退期。处于引入期，企业家们必须埋头苦干，努力前行。进入成长期，企业家开始引人注目。而一旦迈入成熟期，企业家头顶光环，荣誉紧跟成就滚滚而来。虽然高峰过后，企业家的实际成就已不如从前，但绝大多数人未能察觉这一点。于是，衰退期开始了。此时，企业家的工作成就每况愈下，面临越来越多的负面评价，企业家本人也日感心力交瘁、回天无术。

绝大多数企业家都无法逃避这样的周期。境遇差些的，走的是一条陡形下降曲线，即迅速衰退，失去企业家的光辉形象。境遇好些的，走的是一条坡形下降曲线，即缓慢地衰退。只有少数杰出的企业家，能在衰退期到来之前认识到未来的必然发展趋势，并做出相应的反应，从而走上一条再次上升的曲线，即在衰退之前，通过又一次创新，进入新的发展境界。从实践看，可以作为"企业家生命周期"模型印证的世界知名企业管理者不胜枚举。唯有创新到一定高度，才能让企业家摆脱衰退期的尴尬，重新进入新一轮的成长期。

我们可以把造成"企业家生命周期"现象的原因，概括为企业家的主观原因及企业与社会环境的客观原因。

从企业家主观方面分析，常见的原因是：创业孕育成功，成功者容易忽视创新，而忽视创新预示着危机。企业家在创业时没有包袱和顾虑，不存在自我形象问题，经济上也无业可守。因此，他们敢于创新，不怕失败。但是，一旦成功，他们便会得到一系列的报偿：权力、荣誉、金钱和地位。很快，这些报偿成为他们继续奋斗的包袱。他们开始注意保护自己"完美"的企业家形象，害怕失败，不愿再冒风险。这一点，恰恰是与企业家的精神是相悖的。企业家最初的生命力来源于创新，而一旦放弃创新，害怕动荡和风险，就等于放弃了自己作为企业家的灵魂。可惜的是，许多企业家在成功之后，刻意保护已经建立的秩序，固守那些已有的定论和已建的阵地，而不敢离开"安全区"，实行新的变革，开辟新的领域，特别是不敢涉足那些原先并不熟悉、充满风险的新领域。这样的企业家无法将企业引上创新之路。

而创新应是企业家的本质特征，创新意识和能力是判定企业家素质高低的重要标准，是决定企业家生命周期的主观因素。同时，企业家的身体素质和职业技能也对企业家的创新活动有着重要的影响。许多企业家逃避不了衰退的命运，从生理上讲，与他们年龄增长以致心力交瘁、不堪劳顿有关；从技术上讲，与他们的知识陈旧及判断能力下降有关。

从企业与社会环境等客观因素分析，导致企业家进入衰退期的常见原因是：成功意味着更激烈的竞争，成就意味着更高的目标与评价标准，新的标准孕育着不满和失落。企业家的成功总是伴随着企业的成功。当然企业成功的背后，除了企业家的突出贡献之外，也有全体企业员工共同的辛劳、汗水和奋斗。企业家和企业成名之后，员工中容易同时产生两种相悖的心理期望：一方面，创业的艰难和疲惫使他们滋长出"歇一歇"的心理，而且一部分既得利益者害怕新的变革破坏他们已经建立的组织和利益结构；另一方面，对企业家和企业发展的目标期望值却在上升，许多员工以为企业家和企业可以永葆辉煌。这两种矛盾的心理期望之间以及这两种心理与现实之间，势必会发生冲突。

优化"企业家生命周期"的实质是相对缩短引入期和生长期，延长成熟期，延缓衰退期的到来。对此，最好的对策是主动出击、不断创新。企业家和企业的"青春"唯有依赖不断创新才能维持。延长企业家成熟期的基本方法有两种：一是创造新的优势，不断占领技术、管理和营销的制高点；二是创立新的事业，不断发现、利用新的商业机会。任何一个企业家如果放弃创新，那么企业家的称号就会名存实亡。创新可能会导致失败，但这却是保持企业基业长青的唯一选择。